Christian Lüring

Künstliche Kniegelenke

Unter Mitarbeit von Karin Kühlwetter

Christian Lüring

Künstliche Kniegelenke

Unter Mitarbeit von Karin Kühlwetter

 Springer

Priv.-Doz. Dr. med. C. Lüring
Leitender Oberarzt und Stellvertretender Klinikdirektor
Klinik für Orthopädie und Unfallchirurgie
Schwerpunkt Orthopädie
RWTH Aachen
Pauwelsstrasse 30
52074 Aachen

Karin Kühlwetter, M.A.
Im Schecken 15
64342 Seeheim

ISBN   978-3-642-21989-4   Springer-Verlag Berlin Heidelberg New York

Bibliografische Information der Deutschen Nationalbibliothek
Die Deutsche Nationalbibliothek verzeichnet diese Publikation in der Deutschen Nationalbibliografie;
detaillierte bibliografische Daten sind im Internet über http://dnb.d-nb.de abrufbar.

Springer Medizin
Springer-Verlag GmbH
ein Unternehmen von Springer Science+Business Media

springer.de
© Springer-Verlag Berlin Heidelberg 2012

Planung: Antje Lenzen, Heidelberg
Projektmanagement: Barbara Knüchel, Heidelberg
Lektorat: Dorothee Kammel, Heidelberg
Layout und Umschlaggestaltung: deblik, Berlin
Satz: TypoStudio Tobias Schaedla, Heidelberg

SPIN: 80044037

Gedruckt auf säurefreiem Papier   2111 – 5 4 3 2 1 0

Sehr geehrte Patientin,
sehr geehrter Patient,

wenn Sie dieses Buch in den Händen halten, gehören Schmerzen in Ihrem Kniegelenk wohl leider zu Ihrem Alltag, weil Sie an Arthrose leiden. Sie haben vermutlich bereits ausgiebig Erfahrungen mit der Einnahme von Schmerzmitteln und mit den verschiedensten Behandlungsmethoden gemacht und vielleicht auch schon eine oder gar mehrere arthroskopische Operationen am Kniegelenk hinter sich gebracht. Trotzdem sind Ihre Schmerzen im Knie wieder zurückgekehrt und Sie spüren sie regelmäßig und mit zunehmender Intensität. Nachts wachen Sie davon auf oder Sie schlafen wegen der Schmerzen gar nicht erst ein. Laufen ohne Schmerzen ist nicht mehr möglich und selbst alltägliche Gehstrecken, z.B. zum Einkaufen, können Sie nur noch dann schaffen, wenn Sie vorher ein Schmerzmittel eingenommen haben. Ihr Aktionsradius wird stetig kleiner und Ihre Lebensqualität hat in den vergangenen Monaten deutlich abgenommen, denn inzwischen bleiben Sie lieber zu Hause sitzen, anstatt mit zusammen gebissenen Zähnen unterwegs zu sein. Man hat Ihnen nun dazu geraten, sich ein künstliches Kniegelenk einsetzen zu lassen, weil Ihre Arthrose so weit fortgeschritten ist, dass Ihnen nur noch eine solche Operation helfen kann. Ihr Arzt/Ihre Ärztin ist sicher, dass dies die richtige Behandlungsmethode für Sie ist und der beste Weg aus dem Schmerz. Sie selbst aber zweifeln vielleicht noch und fragen sich: ... und jetzt ein künstliches Kniegelenk?

In meine Sprechstunde kommen viele Patienten, die vor der gleichen Entscheidung stehen und eine ähnliche Leidensgeschichte hinter sich haben wie Sie. So weiß ich viel über die Ängste und Unsicherheiten, die Sie jetzt vielleicht bewegen, denn obgleich Operationen dieser Art für spezialisierte Orthopäden zur Routine ihres beruflichen Alltags zählen, sind sie für die Betroffenen selbst doch im wahrsten Sinne des Wortes einschneidende und ihr Leben verändernde Erlebnisse. Die Entscheidung für oder gegen eine solche Operation ist nicht leicht und oft haben Ärztinnen und Ärzte leider zu wenig Zeit, den Ängsten, Fragen und Sorgen ihrer Patienten angemessen zu begegnen und sie in ihrer Entscheidungsfindung zu unterstützen. Obwohl ich mich selbst immer darum bemühe, meine Patientinnen und Patienten in der Sprechstunde intensiv zu beraten, können auch während dieser Gespräche nicht immer alle Unklarheiten beseitigt werden. Das hängt auch damit zusammen, dass sich viele Fragen der Patienten erst später ergeben, nach dem Therapievorschlag »künstliches Kniegelenk« und einer Weile des Nachdenkens daheim. Mit diesem Ratgeber möchte ich dieses Informationsmanko ausgleichen und Ihnen dabei helfen, zunächst in Ruhe und für sich selbst viele der möglichen Fragen zu klären, die Ihnen eine Entscheidung für oder gegen ein neues, ein künstliches Kniegelenk noch schwer machen.

Die hier zusammengestellten Informationen werden in jedem Fall für Sie hilfreich sein, denn je mehr Sie über Ihre Erkrankung wissen, umso besser können Sie mit ihr und den notwendigen Therapieformen umgehen. Sie selbst und auch Ihr Arzt werden davon profitieren, wenn Sie sich als »aufgeklärter und aktiver Patient« auf die Operation einlassen, denn deren langfristiger Erfolg ist auch davon abhängig, dass Sie selbst aktiv und in vertrauensvoller Partnerschaft zu Ihren Ärzten und Therapeuten an Ihrer Genesung mitwirken.

Um Ihnen Informationen möglichst nah an Ihren eigenen Erfahrungen und mit so wenig »Fach-Chinesisch« wie möglich zu vermitteln, finden Sie (ergänzend zu meinen Erklärungen aus fachärztlicher Sicht) viele Krankengeschichten, geschildert in der Sprache und aus der subjektiven Perspektive betroffener Patienten. Auf diese Weise haben Sie die Möglichkeit, zusätzlich zu den ärztlichen Informationen auch die Erfahrungen anderer Patienten zu nutzen, die über ihre Schmerzen, Krankheitsverläufe und ihre »Patientenkarrieren« berichten. Die Patienten-Texte sind (zur deutlichen Unterscheidung vom übrigen Text) grau unterlegt.

Sie erhalten differenzierte Informationen
- zur Anatomie des Kniegelenks,
- zur Entstehung, Ausprägung und Behandlung von Arthrose
- zu Krankheitsbildern, bei denen ein künstliches Kniegelenk hilft
- zu den verschiedenen Prothesen-Typen und ihrer Funktionsweise
- zu Untersuchungsmethoden und Operationsverfahren
- zur Anschlussheilbehandlung und physiotherapeutischen Methoden

WER RASTET, DER ROSTET und Ihr »neues Kniegelenk« braucht (ähnlich wie ein neues Auto) regelmäßige Wartung und Kontrolle. Deshalb empfehle ich allen Patienten das tägliche Training ihrer knieführenden Muskulatur. Im hinteren Teil des Buches (Kap. 7) sind dazu einfache Übungen beschrieben, die Sie zum Wohle Ihres Knies zu Hause selbständig durchführen können. Im Anhang finden Sie ein Verzeichnis der wichtigsten medizinischen Fachbegriffe und deren »Übersetzung« in allgemein verständliches Deutsch.

Ich hoffe, dass dieser Ratgeber möglichst viele Ihrer Fragen beantworten und Ihnen zeigen kann, dass Sie mit Ihren Beschwerden nicht alleine da stehen. Es gibt eine Vielzahl von Patienten mit ähnlichen Schmerzen und es gibt eine Vielzahl von Möglichkeiten, Ihnen mit einem künstlichen Kniegelenk, das exakt auf Ihr Problem abgestimmt ist, zu helfen.

Gute Besserung und eine erfolgreiche Therapie wünscht Ihnen

C. Lüring

Priv.-Doz. Dr. med. Christian Lüring
Aachen, im Herbst 2011

Für Carl Christian

Danke

Allen Patienten, die mir detailliert ihre Krankheitsgeschichten erzählt haben, die ich aufschreiben durfte.

Frau Dr. med. Gertrud Volkert und ihrer Assistentin Frau Petra Elster vom Steinkopff Verlag für ihr Vertrauen in das Projekt, ein professionelles Lektorat sowie ihre rasche und freundschaftliche Zusammenarbeit, ohne die der Ratgeber in der ersten Auflage nicht hätte herausgegeben werden können.

Frau Antje Lenzen und Frau Barbara Knüchel vom Springer Verlag, die sich sehr dafür eingesetzt haben, dass dieser Ratgeber in die zweite Auflage gehen konnte.

Frau Karin Kühlwetter. Sie ist meine Dolmetscherin: Vom *Fachchinesisch* auf *Patientenverständlich*. Trotz größter Bemühungen meinerseits, die teils sehr komplizierten Zusammenhänge einer Knieendoprothesenimplantation in allgemeinverständlichem Deutsch zu formulieren, hat sie maßgeblichen Anteil daran, dass der Ratgeber in dieser Form vorliegt.

Meinem neuen Chef und Freund, Univ.-Prof. Dr. med. Markus Tingart, der mich in allen meinen Projekten konsequent unterstützt und fördert.

Meiner Frau, Dr. med. Sonja Lüring, die mir stets und mit höchstem Verständnis für meine zeitraubenden Ideen und Projekte beiseite steht und sich liebevoll um unsere drei Kinder Carl Christian, Johan David und Maria Sophie kümmert. ILD.

Christian Lüring

Der Autor

Priv.-Doz. Dr. med. Christian Lüring ist verheiratet und lebt in Aachen. Seine Arbeitsschwerpunkte als Orthopäde sind arthroskopische Operationen und der Gelenkersatz an Knie-, Hüft- und Schultergelenk. Darüber hinaus lehrt er als Privatdozent. Bis 2010 war er an der orthopädischen Klinik der Universität in Regensburg als Oberarzt tätig und hat dort unter deren Direktor Univ. Prof. Dr. med. Dr. h.c. J. Grifka kontinuierlich zum Ausbau der Klinik als Gelenkzentrum beigetragen. Wichtige Schritte waren unter anderem die Entwicklung des Computernavigationsgerätes sowie spezieller Weichteiltechniken, die eine exakte Platzierung von Implantaten erlauben. Zu diesem Themenbereich führte er (u.a. an der Unfallchirurgischen Klinik der Medizinischen Hochschule Hannover unter deren Direktor Univ. Prof. Dr. med. C. Krettek) viele international anerkannte Forschungsarbeiten durch. Die von ihm und seiner Arbeitsgruppe durchgeführten Studien haben international zum Verständnis der navigierten Knie-Endoprothetik beigetragen. Seine Forschungsarbeiten mündeten in der Habilitation, die er 2006 abschloss. Seit Ende 2010 ist Priv.-Doz. Dr. med. C. Lüring als Leitender Oberarzt und Stellvertretender Klinikdirektor an der Klinik für Orthopädie und Unfallchirurgie des Universitätsklinikums Aachen tätig und dort für den Bereich künstliche Gelenke verantwortlich.

Insgesamt hat Dr. Lüring über 80 Publikationen in nationalen und internationalen Fachzeitschriften veröffentlicht. Seine Ausbildung komplettierte er durch Weiterbildungen an Gelenkzentren, u.a. in der Schweiz und Südafrika und auf Forschungsreisen in Europa, Saudi-Arabien und den Vereinigten Staaten. Er ist Gutachter für mehrere international hoch angesehene Fachzeitschriften. Im Bereich Knie-Navigation ist er auf nationaler und internationaler Ebene in Kooperation mit der Navigationsfirma BrainLAB© und der Prothesenfirma DePuy® weltweit für Orthopäden als Ausbilder tätig. Er ist gewähltes Mitglied des Vorstandes der Deutschen Gesellschaft für Orthopädie und Unfallchirurgie (DGOOC) und Mitglied der Deutschen Gesellschaft für Unfallchirurgie (DGU), der Deutschen Gesellschaft für Orthopädie und Unfallchirurgie (DGOU), des Arbeitskreises Navigation der DGOOC und der Arbeitsgemeinschaft rechnergestütztes Operieren der DGU.

Sein Credo ist, dass nur ein aufgeklärter Patient erfolgreich behandelt werden kann. Diese Einstellung führte auch zu dem zusammen mit Karin Kühlwetter verfassten Ratgeber »**Künstliche Hüftgelenke – Wege aus dem Schmerz**« (Steinkopff Verlag 2010).

Die Mitarbeiterin

Karin Kühlwetter M.A. lebt in der Nähe von Darmstadt.

Sie ist freie Autorin und befasst sich, ausgehend von einem Forschungsprojekt der TU Darmstadt zur ärztlichen Fortbildung, seit 1992 mit der Vermittlung und Präsentation medizinischer Themen. Sie kennt als mehrfach operierte Patientin Symptome und Therapien von Gelenkerkrankungen aus eigenem Erleben und sorgte als Medizindidaktikerin und Germanistin – wie auch beim Ratgeber »Künstliche Hüftgelenke – Wege aus dem Schmerz« (Steinkopff Verlag 2010) für eine praxisbezogene und patientenorientierte Struktur des vorliegenden Buches sowie eine patientengerechte Sprache, fernab von medizinischem »Fachchinesisch«. Das erfolgreiche Konzept des von Frau Kühlwetter mitverfassten Ratgebers Schulter-Schluss – Aktiv gegen den Schulterschmerz (Steinkopff Verlag, Darmstadt 2007) leistete dabei wertvolle Hilfe.

Inhaltsverzeichnis

... und jetzt ein künstliches Kniegelenk?

1

Schmerzen ► Wenn gar nichts mehr hilft

Beispiel

■ **Ein 65-jähriger Patient berichtet…**

Eigentlich war ich immer sehr sportlich. Seit meiner Jugend habe ich Fußball gespielt, bin joggen gegangen und in jedem Winter ab in die Berge zum Skifahren. Als ich mir vor 27 Jahren bei einem Fußballturnier den Meniskus gerissen habe, musste ich operiert werden. (Damals ist das noch mit einem richtigen Schnitt gemacht worden, heute würde man das wohl arthroskopisch machen). Das Fußballspielen habe ich dann dran gegeben, bin aber immer noch joggen gegangen und ich konnte auch ohne Probleme weiter Skifahren. Vor ungefähr fünf Jahren bemerkte ich dann, dass mein linkes Knie nach den Strapazen des Tages öfters mal schmerzte und abends auch manchmal dicker war als das rechte. Ich habe mir zunächst nicht viel dabei gedacht und bin trotzdem, wie immer im Winter, wieder in die Berge zum Skifahren. In jenem Winter war es aber anders als sonst, denn ich hatte jeden Abend nach den Abfahrten Schmerzen in meinem Knie und mochte abends auch nicht mehr so recht ausgehen. Da mir mein Hausarzt wegen Verspannungen der Halswirbelsäule mal Voltaren verschrieben hatte und ich die Tabletten dabei hatte, nahm ich davon eine ein, wenn ich es wegen der Schmerzen gar nicht mehr aushielt. Als ich wieder zu Hause war, ging ich zu meinem Hausarzt. Er ließ dann ein Röntgenbild machen und teilte mir dann lapidar mit, dass »da wohl Verschleiß zu sehen sei, man da aber nichts machen könne«. Er gab mir keinerlei Verhaltensregeln, meinte aber, dass ich wiederkommen solle, wenn der Schmerz stärker würde. Da ich in der Folgezeit beruflich sehr stark eingespannt war, vergaß ich diesen Hinweis auf zukünftig wohl zunehmende Schmerzen. Ich machte alles weiter wie bisher. Ich ging joggen und im Winter wieder Skifahren und ab und zu nahm ich eine Schmerztablette ein.

Irgendwann bemerkte ich morgens, dass mein Knie recht steif war, irgendwie eingerostet und teigig, so dass ich es gar nicht richtig bewegen konnte. Da sich das nach einigen Schritten wieder legte, dachte ich mir auch dabei nicht

viel. Allerdings verstärkte sich das steife Gefühl während der folgenden Wochen und Monate immer mehr und nachts im Bett musste ich mir ein Kissen unter die Kniekehle legen, sonst wurde es mit dem Schlafen schwierig. Trotzdem fuhr ich im Winter wieder in die Berge zum Skifahren. Aber nach den ersten Abfahrten konnte ich gar nicht mehr richtig gehen, ich hatte bei jedem Schritt Schmerzen, das Knie war geschwollen, heiß und tat höllisch weh. Zurück daheim konsultierte ich meinen Hausarzt, der wieder ein Röntgenbild anfertigte, das Knie punktierte, ein Schmerzmittel hinein spritzte und meinte, dass die Arthrose zugenommen hätte und die Spritze helfen würde. Er hatte recht! Drei Monate lang war ich fast schmerzfrei und konnte sogar ein wenig joggen. Die Steifigkeit des Knies war aber unverändert, jeden Morgen tat ich mich bei den ersten Schritten schwer und leider kehrten nach den drei Monaten dieselben Schmerzen und Beschwerden zurück und auch das Voltaren wirkte nicht mehr so recht. Nachts wachte ich von den Schmerzen auf und hatte zum Joggen oder Spazierengehen kaum noch Mut. Für einen Sportler wie mich eine echte Tortur. Zu allem Überfluss machte mich dann meine Frau auch noch darauf aufmerksam, dass ich richtige O-Beine bekommen hätte! Tatsächlich zeigte mir der Spiegel, dass dieses O so ausgeprägt war, dass man fast einen Fußball zwischen meinen Knien hätte hindurch schießen können. Da beschloss ich, mich zu einem Facharzt überweisen zu lassen.

Der Orthopäde befragte mich zunächst zu meinen Beschwerden, untersuchte dann beide Kniegelenke und betrachtete die von mir mitgebrachten Röntgenaufnahmen. Ich hätte eine »fortgeschrittene Arthrose am linken Kniegelenk« so seine Diagnose und aus seiner Sicht sei es an der Zeit, ein künstliches Kniegelenk zu implantieren. Schließlich hätte ich regelmäßig Schmerzen, Schmerzmittel würden mir nicht mehr helfen, ich hätte O-Beine bekommen und außerdem würde das Röntgenbild »eine klare Sprache sprechen«. Er überwies mich an eine

Klinik, in der über 500 Knieprothesen im Jahr implantiert werden. Dort wurde ich erneut untersucht, es wurden weitere Röntgenaufnahmen angefertigt und die Diagnose des Orthopäden bestätigte sich. Man riet mir also auch dort zur Operation, ich hatte sogar die Gelegenheit, mit einem (sehr zufriedenen) Patienten zu sprechen, der bereits ein künstliches Kniegelenk erhalten hatte. Dies bestärkte mich in meiner Entscheidung, mich operieren zu lassen.

Meine Operation verlief erfolgreich und die Schmerzen, die man nach einer Operation eben hat, ließen sich gut mit Medikamenten behandeln. Bereits am ersten Tag nach der Operation durfte ich mit Hilfe aufstehen! Die anschließende Reha verlief ebenso gut und schon bald konnte ich wieder ohne Schmerzen gehen. Im Abschlussgespräch im Krankenhaus wurden mir Verhaltensregeln mitgegeben und ich erhielt Befunde und Verordnungen für die anschließende Physiotherapie. Leider darf ich nun nicht mehr Alpin Skifahren, da die Belastung für das Gelenk zu hoch wäre. Aber das ist der einzige Wermutstropfen. Das Wichtigste für mich ist, dass ich keine Schmerzen mehr habe, nachts nicht mehr deswegen aufwache und mich wieder richtig bewegen kann. Und Skilanglauf hat auch seinen Reiz!

Das **Kniegelenk ist ein sehr belastetes Gelenk des menschlichen Körpers** und so treten dort auch häufig krankhafte Veränderungen und schmerzhafte Bewegungseinschränkungen auf. Viele Knie-Krankengeschichten, die mit dem Einsetzen eines künstlichen Kniegelenks eine positive Wendung nehmen, verlaufen daher ähnlich wie jene, die der Patient hier geschildert hat. Zu einem schon länger zurückliegenden Zeitpunkt eine Verletzung und/oder eine erste Operation am Knie, dann eine Weile Ruhe, dann wieder Schmerzen, zunächst bei Belastung, dann auch ohne Belastung und in der Nacht, außerdem Schwellungen. Behandlung mit Tabletten, Spritzen, Punktion, Physiotherapie. Letztlich hilft nichts mehr. An diesem Punkt angekommen sind dann nicht nur die Schmerzen belastend, sondern auch die daraus resultierende Arbeitsunfähigkeit und der erzwungene Verzicht auf Freizeitaktivitäten. Die Lebensqualität nimmt rapide ab, weil – im wahrsten Sinne des Wortes – **nichts mehr geht.**

Auf diese Weise in die Knie gezwungen stellt sich für viele derart betroffene Patienten dann die Frage: Ist **nun der »richtige« Zeitpunkt für ein künstliches Kniegelenk** gekommen? Eine allgemein verbindliche Antwort auf diese Frage gibt es nicht. Das Für und Wider muss – bezogen auf jeden Einzelfall – stets neu überdacht werden, denn **es gibt kein Patentrezept,** aufgrund dessen eine Entscheidung getroffen werden könnte. Ich rate meinen Patienten in der Regel erst dann zu einer solchen Operation, wenn alle sonst möglichen Behandlungsmethoden bereits vorab durchgeführt wurden, die Beschwerden aber trotzdem bleiben oder nach kurzer Zeit erneut auftreten und sich verstärken.

Selbstverständlich sind **differenzierte Untersuchungen** (auch bildgebende Methoden wie Röntgen, Ultraschall, MRT), **unabdingbare Voraussetzung für die ärztliche Empfehlung,** auch wenn objektiv feststellbare Fakten und subjektiv erlebte Symptome nicht zwingend in die gleiche Richtung weisen müssen. Differenzierte (auch von mir durchgeführte) Studien haben nämlich gezeigt, dass die objektiv feststellbaren, durch Arthrose verursachten Veränderungen am Knorpel und am Knochen **sehr unterschiedliche Schmerzzustände** herbeiführen können. Einerseits klagen Patienten, deren Röntgenbilder ausgeprägte arthrotische Veränderungen zeigen, nur über wenige Symptome, während andererseits Patienten mit vergleichsweise »harmlosen« Röntgenbefunden über erhebliche Beschwerden berichten. **Ein allgemeingültiger Ursache-Wirkungs-Zusammenhang lässt sich also ebenso**

1

wenig festschreiben wie grundsätzliche Empfehlungen für oder gegen das künstliche Kniegelenk. Dies auch deshalb, weil das **Schmerzempfinden** und der durch die Beschwerden verursachte **Leidensdruck** sich von Patient zu Patient **sehr stark unterscheiden** und auch der Verlust von Mobilität und Unabhängigkeit durch die schmerzbedingten Bewegungseinschränkungen sehr unterschiedlich empfunden wird. Gleichwohl gibt es einige Kriterien, die sowohl den Patienten als auch den behandelnden und beratenden Ärzten dabei helfen können, den »richtigen« Zeitpunkt für das Einsetzen eines künstlichen Kniegelenks zu erkennen:

Wenn die meisten der in der Liste aufgeführten Kriterien auch für Sie zutreffen, ist davon auszugehen, dass sich Ihre derzeitige Lebensqualität durch ein künstliches Kniegelenk erheblich verbessern ließe. Sprechen Sie mit Ihrem Arzt, suchen Sie einen Spezialisten auf und holen Sie eventuell auch eine zweite Meinung ein. Entscheiden Sie in Ruhe und auf der Basis von Informationen. Je besser Sie darüber informiert sind, was sich in Ihrem Kniegelenk verändert hat und was bei der geplanten Operation geschehen wird umso mehr können Sie selbst durch Ihr Verhalten zu Ihrer Genesung beitragen. Dieses Buch kann dabei hilfreich sein, denn...

Checkliste ▶ Wann ein künstliches Kniegelenk helfen kann

- Schmerzen beim Laufen, bei fast jedem Schritt
- Mögliche Gehstrecken reduziert auf wenige hundert Meter
- Schmerzen auch in Ruhephasen, überwiegend abends
- Nächtliches Aufwachen wegen des schmerzenden Knies
- Schmerzmitteleinnahme regelmäßig, in immer höherer Dosis
- Physiotherapie hilft nicht mehr
- Spritzen ins Kniegelenk helfen nicht mehr oder nur kurzzeitig
- Erneute arthroskopische OP ist nicht mehr Erfolg versprechend
- O-Bein oder X-Bein hat sich entwickelt oder verstärkt

Sie erfahren in den nächsten Kapiteln

- wie es in einem gesunden Kniegelenk aussieht
- wie ein gesundes Kniegelenk funktioniert
- welche Schäden dort wo und warum entstehen können
- welche Knieprothesen wie eingesetzt werden
- was es vor und nach der Operation zu beachten gilt

Warum ein künstliches Kniegelenk nötig wird

Anatomie ▶ Wie ein gesundes Kniegelenk funktioniert

Gehen, hüpfen und springen, rennen und Treppen steigen, bergauf und bergab laufen, in die Hocke gehen und hinknien – all dies ist nur möglich durch die **Beweglichkeit** und **Beugefähigkeit** des Kniegelenks. Die **Belastungsfähigkeit** gesunder Kniegelenke sorgt dafür, dass selbst das drei- bis vierfache unseres Körpergewichtes von ihnen getragen werden kann. Bereits wenn wir stehen, lastet der überwiegende Teil unseres Körpergewichts auf den Kniegelenken, beim Gehen auf ebenen Wegen müssen sie bereits das Dreifache des Körpergewichtes tragen und wenn wir die Treppe hinauf oder hinab gehen, steigt die Belastung noch weiter an. Bei Sportarten, die mit Sprüngen und Stauchungen des Gelenks einhergehen (z. B. Basketball, Volleyball, alpines Skifahren) kann diese ohnehin schon große Belastung kurzzeitig noch weiter ansteigen. Gesunde Kniegelenke halten diese Belastungen ohne Probleme aus, denn das Zusammenspiel von Knochen, Muskeln und Bändern, die Stoßdämpferfunktion der Menisken und die Gleitfähigkeit der Knorpelflächen sorgen für reibungslose Beweglichkeit und hohe Stabilität.

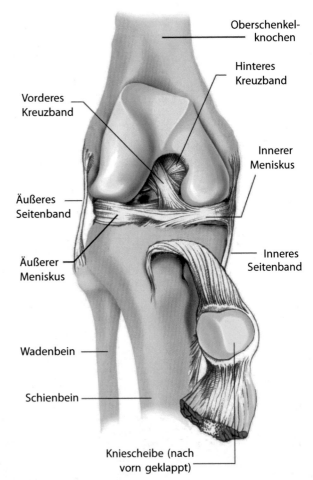

Oberschenkel-
knochen

Hinteres
Kreuzband

Vorderes
Kreuzband

Innerer
Meniskus

Äußeres
Seitenband

Inneres
Seitenband

Äußerer
Meniskus

Wadenbein

Schienbein

Kniescheibe (nach
vorn geklappt)

◻ **Abb. 2.1** Anatomie des Kniegelenks. Knochen und Bänder. © DePuy

Das Kniegelenk ist die bewegliche Verbindung zwischen Oberschenkel und Unterschenkel und ermöglicht eine **Beugung** (Abwinkeln) des Knies bis zu einem Winkel von etwa 140 Grad. Mit zunehmender Beugung erlaubt das Gelenk auch eine **leichte Drehung** des Unterschenkels gegenüber dem Oberschenkel, die allerdings nur gering ausgeprägt und nur für wenige Bewegungsabläufe notwendig ist. Bei gestrecktem Bein mit durchgedrückten Knien ist im Bereich der Kniekehle eine **Überstreckbarkeit** von bis zu 10 Grad möglich. **Oberschenkelknochen** (Femur), **Unterschenkelknochen** (Tibia), und die **Kniescheibe** (Patella) sind durch den so genannten **Kapsel-Bandapparat** verbunden, der sich aus verschiedenen Bandstrukturen und Muskelgruppen zusammensetzt. Die **Seitenbänder** stabilisieren das Kniegelenk an seiner Innen- und Außenseite (daher auch Innen- bzw. Außenband genannt), die **Kreuzbänder** stabilisieren das Gelenk nach vorne und hinten (daher auch vorderes und hinteres Kreuzband genannt) und die **vordere Streck- und hintere Beugemuskulatur** des Oberschenkels gewährleistet noch zusätzliche Stabilität aber vor allem Beweglichkeit.

Das Gelenk wird von der **Kniegelenkkapsel** umfasst, die auf der dem Gelenk zugewandten Seite von **Gelenkschleimhaut** ausgekleidet ist, die die **Gelenkflüssigkeit** (Gelenkschmiere) produziert. Diese unterstützt die optimale und schmerzfreie Beweglichkeit des Gelenkes, die nur möglich ist, weil die Kontaktflächen der Knochen von **Gelenkknorpel** überzogen sind. Dessen absolut glatte Oberfläche sorgt in Verbindung mit der Gelenkschmiere für **ideale Gleiteigenschaften**.

Da die Gelenkflächen von Ober- und Unterschenkel in ihrer Formgebung nicht optimal zueinander passen, sind (zusätzlich zur Knorpelschicht) auch die beiden **Menisken** wichtig für eine reibungslose Funktion des Kniegelenks. Diese halbmondförmigen Gebilde, die aus einem knorpelähnlichen Fasergewebe bestehen, sind teilweise an der Gelenkkapsel angeheftet und dienen dem Kniegelenk als »Beilagscheiben« und **Stoßdämpfer**. Da die Beweglichkeit des Kniegelenks nicht eine reine Scharnierbeweglichkeit ist, sondern eher eine Roll-Gleitbewegung (bei zunehmender Beugung gleitet der Oberschenkel auf dem Unterschenkel nach hinten), müssen die Menisken auch diesen Mechanismus abfedern und dabei dehnbar sein. Sie verteilen dann die beim Gehen und Stehen einwirkende Last auf eine größere Fläche und gleichen die unterschiedliche Kontur von Ober- und Unterschenkelknochen aus.

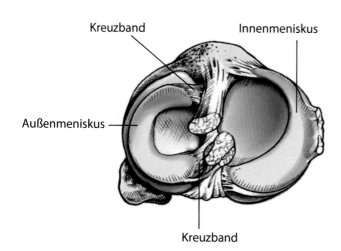

Kreuzband

Innenmeniskus

Außenmeniskus

Kreuzband

◼ **Abb. 2.2** Innen- und Außenmeniskus von oben betrachtet. © DePuy

Entscheidend für die Langlebigkeit und weitgehend schmerzfreie Funktion des Kniegelenks ist die **Beinachse**. Gemeint ist damit **nicht** die von außen sichtbare Achse des Beines, sondern die **nach biomechanischen Gesichtspunkten ermittelteTrag-Belastungsachse – die so genannte Mikulicz-Achse**. Diese verläuft im Idealfall vom Mittelpunkt des Hüftkopfes durch die Mitte des Kniegelenks (und dort direkt zwischen den beiden Kufen des Oberschenkelknochens) zum Zentrum des Sprunggelenks. Sind diese idealen biomechanischen Verhältnisse gegeben, wird das Kniegelenk sowohl im Bereich an der Beininnenseite als auch der an der Beinaußenseite mit gleicher Kraft belastet.

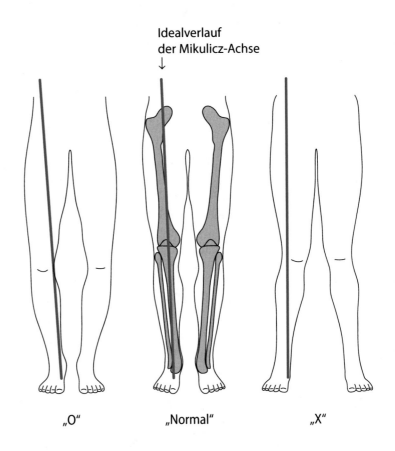

Idealverlauf
der Mikulicz-Achse
↓

◨ **Abb. 2.3** Beinachse   „O"   „Normal"   „X"

Arthrose ▶ Was die Schmerzen im Gelenk verursacht

Beispiel

▪ **Eine 63-jährige Patientin berichtet...**

Als mir bewusst wurde, dass mein Hund längere Spaziergänge machen wollte als ich, begann ich zu akzeptieren, dass mit meinem Knie etwas absolut nicht mehr stimmte. Üblicherweise war es nämlich immer umgekehrt gewesen und ich musste ihn »überreden«, noch ein bisschen weiter zu laufen, denn ich liebte diese ausgedehnten Spaziergänge über ein, zwei Stunden an der frischen Luft und konnte dabei herrlich entspannen. Seit einigen Monaten aber verspürte ich jeden Abend nach den Spaziergängen Schmerzen in meinem Kniegelenk. Besonders deutlich dann, wenn ich mich zum Lesen in meinen Sessel gesetzt hatte. Da es Herbst war, dachte ich mir zunächst nicht viel dabei und weil ich immer schon etwas wetterfühlig gewesen war, gab ich dem feucht-kühlen Wetter die Schuld, wickelte mich in eine Decke ein und trank Tee. Leider brachte dies aber wenig Besserung. Zu meinen Schmerzen gesellte sich immer öfter auch eine deutliche Schwellung und dazu das Gefühl, als wäre ein ganz festes Band um mein Knie gespannt. Ich ging zu meinem Hausarzt, der dann mehrfach mein Kniegelenk punktierte, »um die Flüssigkeit abzulassen«, denn die war für die Schwellung verantwortlich. Eines Tages teilte er mir mit, dass ich eine sog. »Baker Zyste« in der Kniekehle hätte, die vermutlich auch zukünftig immer wieder anschwellen würde und die ich vermutlich wohl operieren lassen müsste, damit sie nicht irgendwann platzt. Diese Information hat mich ziemlich verunsichert. Mir war nämlich absolut nicht klar, wie gefährlich das Platzen der Zyste denn wohl sein würde.

Die Schmerzen traten nun immer häufiger auch schon am Morgen auf. Nach dem Aufstehen war mein Kniegelenk richtig steif und schmerzhaft und ich brauchte einige mühsame Schritte, bis es wieder rund lief. Meistens waren dann die anfänglichen Schmerzen auch weg, so dass ich am Vormittag ganz gut laufen konnte. Alles in allem tat aber das Knie immer öfter weh. Manchmal erst dann, wenn ich einen zu langen Spaziergang mit meinem Hund unternommen hatte, manchmal auch schon nach wenigen Schritten. Dies frustrierte mich sehr, und so fing ich damit an, vor längeren Gehstrecken vorsichtshalber Schmerztabletten einzunehmen. Leider half das aber nur manchmal, denn oft hatte ich dann trotz Tablette starke Schmerzen. Auf einem Spaziergang bin ich dann sogar einmal gestürzt, weil das Knie mich gar nicht mehr gehalten hat. Ein stechender Schmerz wie ein Messerstich hat mein Kniegelenk da durchzuckt. Gott sei Dank konnte ich selbst wieder aufstehen und bin heil nach Hause gekommen.

Nach diesem Sturz ließ mich mein Knie auch nachts nicht mehr wirklich zur Ruhe kommen. Immer häufiger bin ich in der Nacht vor Schmerzen aufgewacht und konnte deswegen auch nicht wieder einschlafen. Weil das Aufeinanderliegen der Knie unangenehm war, wenn ich auf der Seite lag, gewöhnte ich mich daran, immer ein Kissen zwischen die Beine zu klemmen, weil ich so die Kniegelenke gut gegeneinander abpolstern konnte. Die Ruheschmerzen in der Nacht und die Schmerzen beim Laufen oder nach größeren Wegstrecken am Tag nahmen kontinuierlich zu. Hätte mein Hund das Gassi gehen nicht vehement eingefordert, wäre ich gar nicht mehr vors Haus gegangen! Mein Leben machte mir immer weniger Spaß, da nun alles, was ich eigentlich gern tat, mit Schmerzen verbunden war.

Mein Hausarzt hat mich dann zu einem Facharzt für Orthopädie überwiesen. Er untersuchte mein Knie sehr genau und es wurden auch Röntgenbilder gemacht, die er mir genau erklärt hat. Nun weiß ich, dass ich eine **fortgeschrittene Arthrose** am Kniegelenk habe und dass man meine Beschwerden nur durch eine Operation deutlich lindern kann. Der Orthopäde hat mich jetzt an eine Klinik überwiesen, in der man umfangreiche Erfahrungen mit dem Einsetzen künstlicher Gelenke hat.

2

Die von der 63-jährigen Patientin beschriebenen Beschwerden sind recht typisch für eine **Arthrose des Kniegelenks.** Deren Hauptsymptome sind **Bewegungseinschränkungen und Schmerzen.** Einschränkungen der Beweglichkeit machen sich oft zunächst durch eine **verminderte Streckbarkeit** des Knies bemerkbar. Häufig können die so Betroffenen noch recht gut spazieren gehen. Die Beweglichkeit wird sogar nach einigen Geh-Minuten besser und wieder schmerzfrei und das Gelenk läuft »runder«. Wie von der Patientin beschrieben, tritt im fortgeschritteneren Stadium die typische **morgendliche Steifigkeit** auf. Das Gelenk scheint zäh zu sein und mag sich nicht so recht bewegen. Erst nach den ersten Schritten oder sogar erst nach einigen Minuten und einer gewissen »Warmlaufphase« wird das Kniegelenk wieder beweglicher. Daher wird dieses Symptom auch **Anlaufschmerz** genannt.

Schmerzen können konzentriert im betroffenen Kniegelenk auftreten aber auch in Ober- und Unterschenkel ausstrahlen. Sie werden als **stechend, bohrend** oder auch **dumpf** beschrieben. Dies ist von Patient zu Patient unterschiedlich. Meist können Patienten in diesem Stadium der Erkrankung alltägliche Verrichtungen noch weitgehend problemlos durchführen, allerdings zeigen sich bei größeren Belastungen – wie bei den beschriebenen längeren Hundespaziergängen – bereits deutliche Einschränkungen. Nach weiterem Fortschreiten der Erkrankung treten beim Stehen oder Gehen sofort so genannte **Belastungsschmerzen** auf, die bei kontinuierlich bestehender Belastung auch kontinuierlich zunehmen. Viele Patienten beklagen auch **Schmerzen in Ruhephasen** und schildern, dass vor allem abends das Gelenk »tobt«. Um überhaupt noch ihren Alltag bewältigen zu können, müssen die Betroffenen daher immer häufiger zu Schmerztabletten greifen. Schließlich gesellen sich zu den Schmerzen am Tag noch **Schmerzen in der Nacht,** von denen die Patienten aufwachen. Wenn Belastungsschmerzen,

Ruheschmerzen und Nachtschmerzen gleichermaßen auftreten, hat die Erkrankung ihren Höhepunkt erreicht.

Aufgrund der Verschleißerscheinungen im Gelenk kommt es parallel zu den oben beschriebenen Symptomen zu **vermehrter Bildung von Gelenkflüssigkeit.** Diese »Gelenkschmiere« wird durch die Gelenkschleimhaut, die das gesamte Gelenk auskleidet, gebildet. Häufig ist die Gelenkschleimhaut zusätzlich noch entzündet und dadurch aufgequollen. Sobald nun zu viel Gelenkflüssigkeit produziert wird, kommt es zu einer **Schwellung des Kniegelenks,** die durch die entzündete Schleimhaut noch verstärkt wird. Es entsteht eine Art Engpass-Situation im Gelenk, ein unangenehmes Spannungsgefühl wird spürbar und die Patienten berichten oft auch von einem **Druckgefühl in der Kniekehle.**

Ist das Druckgefühl sehr ausgeprägt, hat sich vermutlich eine so genannte **Baker-Zyste** gebildet. Diese kann dadurch entstehen, dass das »Zuviel« an Gelenkflüssigkeit nicht abfließen kann und sich auch in der hinteren Gelenkkapsel verteilt, die dann zum Teil durch eine Muskellücke absackt, wodurch sie sich wie ein Luftballon aufblähen bzw. ausweiten kann. Bei entsprechenden Beschwerden sollte die Gelenkflüssigkeit durch eine **Punktion** abgelassen werden. Das von der Patientin erwähnte Risiko, dass eine Baker-Zyste platzt oder aufreißt, ist als sehr gering einzuschätzen. Es kommt äußerst selten vor.

Ursachen ▶ Wodurch Arthrose entsteht

Altersbedingte Arthrose

Arthrose ist der degenerative, also altersbedingte **Verschleiß des Gelenkknorpels,** wodurch das Gelenk seine Gleiteigenschaften verliert. Statt durch eine intakte Knorpelschicht abgepuffert, reibt sich dann Knochen auf Knochen, was die typischen Arthroseschmerzen verursacht und nach und nach auch zu krankhaften Veränderungen am Knochen selbst führt. Die Erkrankung kann im Prinzip an allen Gelenken des Körpers auftreten, kommt jedoch besonders oft am Kniegelenk vor und zählt zu den häufigsten orthopädischen Krankheitsbildern.

Arthrotische Veränderungen des Gelenkknorpels im Knie setzen – als schleichender Prozess – bereits ab dem 30. Lebensjahr allmählich ein. So haben differenzierte Untersuchungen an über 10000 Kniegelenken gezeigt, dass bereits 60% der 30–35-Jährigen erste Anzeichen für eine Degeneration des Knorpels am Kniegelenk aufweisen, allerdings meist ohne irgendwelche Symptome. Die Elastizität, Stabilität und Widerstandsfähigkeit des Knorpels nimmt durch **altersbedingte Degeneration** über die Jahrzehnte des Lebens ab, er wird anfälliger für Schäden und die Dicke des Knorpels reduziert sich über die Jahre, vergleichbar dem Profil eines Autoreifens. Dieser »Verschleiß« schreitet mit zunehmendem Alter rasch fort, so dass zwischen dem 60. und 70. Lebensjahr bei nahezu allen Menschen Veränderungen im Sinne einer Arthrose festzustellen sind. Allerdings sind **Beginn, Verlauf undAusprägung** der Erkrankung mit zunehmenden Schmerzen und eingeschränkter Beweglichkeit individuell **verschieden.**

Die **Arthrose des Kniegelenks** – in der Fachsprache **Gonarthrose** genannt – ist eine **chronisch fortschreitende Erkrankung,** die in Schüben verläuft. Es gibt **aktive Phasen** mit deutlich verstärktem Schmerzgeschehen und **inaktive Phasen,** in denen das Gelenk zwar weniger belastbar aber nicht geschwollen und wenig schmerzhaft ist. Die Krankheit entsteht durch ein Missverhältnis zwischen der Belastungs- und Erholungsfähigkeit des Gelenkknorpels und seiner tatsächlichen Belastung. Eine andauernde oder stetig zunehmende Überlastung durch Übergewicht kann bei der Schädigung des Knorpels ebenso eine entscheidende Rolle spielen wie besondere Beanspruchungen

bei kniebelastenden Sportarten mit hohem Verletzungsrisiko (z.B. Fußball, Skifahren). Eine Heilung im Sinne einer vollständigen Wiederherstellung ist leider nicht zu erreichen, weil der Gelenkknorpel die Fähigkeit zur Regeneration verloren hat. Es ist jedoch möglich, die fortschreitende Degeneration abzubremsen und eine deutliche Verbesserung der häufig stark eingeschränkten Lebensqualität der betroffenen Patienten herbeizuführen.

Aus der anatomischen Situation des Kniegelenks ergibt sich, dass die Arthrose (je nach Belastungssituation) entweder nur einen Bereich des Gelenks betreffen kann oder aber mehrere Bereiche in Kombination. Dem entsprechend wird die Erkrankung unterschiedlich benannt:

> **Arthrose des Kniegelenks – Begriffe und Unterschiede**
>
> **Mediale Gonarthrose**
> nur der innere Gelenkanteil ist betroffen
>
> **Laterale Gonarthrose**
> nur der äußere Gelenkanteil ist betroffen
>
> **Retropatellararthrose**
> betrifft das Gelenk hinter der Kniescheibe
>
> **Pangonarthrose**
> betrifft alle Gelenkanteile gleichermaßen

Eine weitere Differenzierung erfolgt abhängig davon, ob sich die Ursachen für die Gelenkerkrankung nachweisen lassen oder nicht. Sie wird dann als **primäre oder sekundäre Gonarthrose** bezeichnet. Der weit überwiegende **Anteil** der Patienten, die an einer Arthrose des Kniegelenks leiden, hat eine **primäre Gonarthrose,** da sich **keine eindeutigen Ursachen** für ihr Entstehen nachweisen lassen. Eine **deutlich kleinere Gruppe** der Betroffenen hat eine **sekundäre Gonarthrose,** mit erkennbaren Ursachen für die Erkrankung.

2

Es wird vermutet, dass es für eine **primäre Gonarthrose** eine **genetische Disposition** gibt und eine gewisse **Minderwertigkeit des Knorpels** angeboren ist. Diese schlechtere Qualität des Knorpels geht mit seiner verminderten Belastbarkeit einher und bewirkt dadurch, dass der Gelenkverschleiß bei diesen Patienten bereits in jüngeren Jahren einsetzt und meist auch rascher fortschreitet. Für diese Theorie spricht, dass häufig auch direkte Verwandte wie Eltern oder Geschwister der so Betroffenen Gelenkprobleme haben oder hatten. Deutlich klarer lassen sich die Ursachen bei der seltener auftretenden **sekundären Gonarthrose** beschreiben:

Eine sekundäre Gonarthrose kann entstehen als

- Folge von Fehlstellungen der Beinachse (O-Bein, X-Bein)
- Folge von Rheuma
- Folge von Verletzungen und Unfällen (Trauma)
- Folge einer Fehlentwicklung der Kniescheibe

Die **Diagnose einer Arthrose** kann in der Regel durch **Röntgen** getroffen werden, obgleich der Knorpel selbst im Röntgenbild nicht erkennbar ist. Sichtbar sind jedoch die Konturen des Knochens sowie der Gelenkspalt (also der Zwischenraum zwischen den Kufen des Ober- und Unterschenkelknochens) und daher gilt dieser als indirektes Maß dafür, ob der Knorpel noch ausreichend dick ist.

Wie deutlich die Unterschiede zwischen einem gesunden Kniegelenk mit weitem Gelenkspalt und einem von Arthrose betroffenen mit engem bzw. fehlendem Gelenkspalt sind, zeigen die folgenden Abbildungen. Ein **gesundes Kniegelenk**, das im Röntgenbild glatte Konturen des Knochens und einen weiten Gelenkspalt zeigt, ist auf der folgenden ◘ Abb. 2.4. zu sehen.

Ein **durch Arthrose deformiertes Gelenk** zeigt sich im Röntgenbild entsprechend verändert (◘ Abb. 2.5 zeigt einen stark verschmälerten, zum Teil fast nicht mehr vorhandenen Gelenkspalt. Außerdem ist eine unregelmäßige Kontur des Knochens erkennbar und es finden sich viele krankhafte Knochenanbauten (Osteophyten).

Wie bereits erwähnt, kann auch das Gelenk hinter der Kniescheibe von Arthrose betroffen sein. Die ◘ Abb. 2.6 und ◘ Abb. 2.7 zeigen Röntgenaufnahmen eines gesunden und eines arthrotisch veränderten **Kniescheibengleitgelenks**. Deutlich erkennbar ist auf ◘ Abb. 2.6 der weite Gelenkspalt als Merkmal der ausreichend dicken Knorpelschicht.

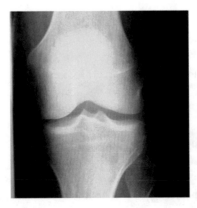
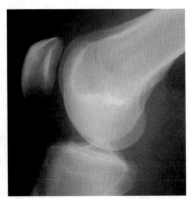

◘ **Abb. 2.4** Gesundes Kniegelenk

■ Abb. 2.7 zeigt, dass an der Kniescheibe Knochenausziehungen entstanden sind und der Gelenkspalt dahinter deutlich verschmälert ist, so dass die Kniescheibe dicht an die Oberschenkelrolle angepresst wird. Hier reibt Knochen auf Knochen.

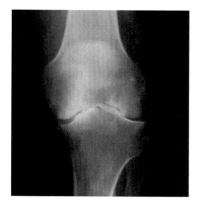

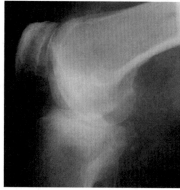

■ **Abb. 2.5** Kniegelenk mit Gonarthrose

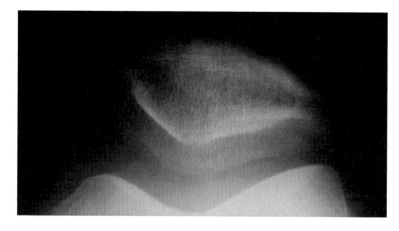

■ **Abb. 2.6** Kniescheibengleitlagergelenk mit gesundem Knorpel

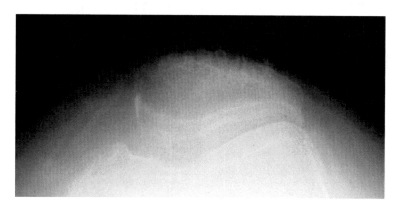

■ **Abb. 2.7** Arthrotisch verändertes Kniescheibengleitlagergelenk

Arthrose durch Fehlstellungen der Beinachse

X-Beine oder O-Beine entstehen, wenn es im Wachstumsalter beim Längenwachstum der Beine zu einer ungleichen Entwicklung des inneren und äußeren Gelenkanteils kommt. Meistens bildet sich ein O-Bein aus, seltener ein X-Bein (◘ Abb. 2.8a,b). Die Probleme, die durch Fehlstellungen der Beinachse im Kniegelenk entstehen, sind vergleichbar mit einer falschen Achseinstellung an einem Auto. Sind die Räder nicht optimal und seitengleich eingestellt, kann es zum einseitigen Abfahren des Autoreifens kommen. Verläuft die Mikulicz-Achse nicht exakt durch den Mittelpunkt des Kniegelenks, wird die Innen- oder Außenseite ungleich belastet. Beim O-Bein verläuft die mechanische Beinachse durch den inneren Gelenkanteil und führt dort zu einer verstärkten Krafteinleitung. Umgekehrt verläuft die Beinachse beim X-Bein durch den äußeren Gelenkanteil und belastet dann diesen stärker. Aufgrund dieser Fehlstellungen der Trag-Belastungsachse kommt es auch zur Überlastung der Knorpelschicht. Meist bewirkt dies auch eine sukzessive Überlastung des Gelenkanteils mit fortschreitender Degeneration.

Wenn sich im fortgeschrittenen Erwachsenenalter ein X- oder O-Bein entwickelt, ist dies in der Regel die Folge eines schon bestehenden Knorpelschadens, der wiederum durch ein vermehrtes Gelenkspiel aufgrund einer (eventuell schon länger zurück liegenden) Bänder- oder Meniskusverletzung entstehen kann.

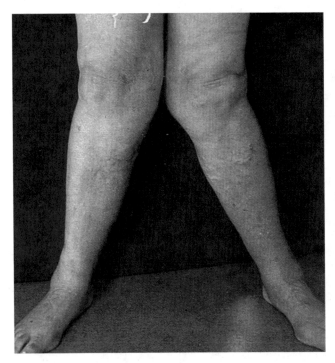
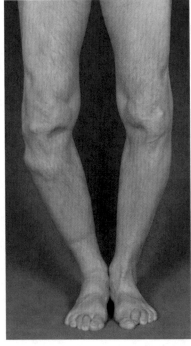

◘ **Abb. 2.8a,b** X-Bein und O-Bein

Arthrose durch Rheuma

Beispiel

■ **Eine 56-jährige Patientin berichtet...**

Ich war erst 35, als ich eines Morgens aufwachte und so starke Schmerzen in den Schultern und in den Händen hatte und gleichzeitig noch geschwollene Finger, dass ich unmöglich zur Arbeit fahren konnte. Allein der Gedanke, mit den schmerzenden Fingern ein Stück Kreide halten zu müssen, um etwas an die Tafel zu schreiben, ließ mich erschaudern. Ich bin also sofort zu meinem Hausarzt gefahren. Dort bekam ich erst mal eine Spritze gegen die Schmerzen, die auch recht schnell geholfen hat. In der nächsten Zeit zeigte sich aber, dass diese Methode nur kurzfristig half. In der Folgezeit hatte ich immer wieder und immer häufiger ziemliche Schmerzen in den Fingergelenken und auch den Handgelenken, die kaum zu beeinflussen waren. Oft schmerzten auch die Kniegelenke und die Füße. Manchmal tat einfach mein ganzer Körper weh. Ich konnte keinerlei Muster erkennen, warum, was und wann wehtat. Mein Hausarzt veranlasste dann eine Blutuntersuchung, bei der sich herausstellte, dass ein Rheumafaktor positiv war. Ich hatte also Rheuma.

Ich verstand zunächst nicht ganz, was das bedeutete, nahm aber erst mal das Medikament ein, das mein Hausarzt mir verschrieb. Durch dieses Cortisonpräparat besserten sich auch die Schmerzen und auch die Schwellungen der Gelenke gingen langsam zurück. Im Internet habe ich mich dann auf eigene Faust ausführlich über Rheuma informiert. Dort gibt es wirklich eine Vielzahl sehr informativer Seiten zu diesem Thema! Ich habe dadurch auch herausgefunden, dass das Medikament, das mein Hausarzt mir verordnet hatte, doch sehr hoch dosiert war. Ich bin dann noch einmal zu ihm gefahren, um mit ihm genauer über die Behandlungsmöglichkeiten von Rheuma zu reden. Dabei habe ich dann schnell gemerkt, dass Rheuma nicht gerade sein Spezialgebiet war, denn einige neue Medikamente, über die ich Informationen im Internet gefunden hatte, kannte er gar nicht. Ich habe mich dann zu einem Spezialisten überweisen lassen.

Der Spezialist für Rheumatologie, den ich dann aufsuchte, ließ noch weitere Blutuntersuchungen machen, untersuchte mich von Kopf bis Fuß und führte mehrere Ultraschalluntersuchungen meiner Gelenke durch. Anschließend besprach er ausführlich die Befunde mit mir und beschrieb mir die Erkrankung sehr genau. Mit seiner Beschreibung der Folgen jagte er mir erstmal einen ziemlichen Schrecken ein, denn dazu gehörten »kaputte Gelenke« und »viele Operationen, die irgendwann auf mich zukämen«. Gottlob konnte er mir aber auch Hilfe durch Medikamente anbieten, sagte mir aber gleich, dass wir gemeinsam herausfinden müssten, welches der vielen möglichen Medikamente bei mir am besten wirken würde und ob ich dies gleichzeitig auch gut vertragen könne. Dies sei nämlich von Patient zu Patient höchst unterschiedlich. Zum Glück fanden wir dann relativ rasch die richtige Kombination, wenn ich auch in der ersten Phase oft mit Übelkeit und Schwindel zu kämpfen hatte. Da dann in der Folgezeit trotz der Medikamente immer wieder Schwellungen und Schmerzen der Fingergelenke auftraten, wurde ich parallel auch von einem Orthopäden behandelt, der mir dazu riet, die stark entzündete Schleimhaut der Sehnen durch eine Operation entfernen zu lassen. Ich folgte seinem Rat, was auch zu einer deutlichen Besserung der Schmerzen führte. Allerdings wurde ich im Verlauf der Zeit mehrmals operiert. Immer dann, wenn ein Gelenk besonders schmerzhaft wurde, ließ ich mir dort die Schleimhaut entfernen.

Vor einigen Jahren war dann auch das Kniegelenk dran, denn die Schwellung und die Schmerzen waren so massiv, dass ich gar nicht mehr richtig laufen konnte. Also entschied sich mein Orthopäde für eine arthroskopische Schleimhautentfernung. Nach der Operation sagte er mir, dass der Knorpel schon stark angegriffen sei, also deutliche Zeichen einer Arthrose zu erkennen wären und dass ich wahrscheinlich bald ein »neues Kniegelenk« benötigen würde. Er hatte Recht mit seiner Einschätzung. Schon bald hatte ich zunehmend häufiger heftige Schmerzattacken und bemerkte außerdem, dass mein Bein begonnen hatte, ein X-Bein zu werden. Ich habe mich dann dazu entschlossen, mir in einer Spezialklinik ein künstliches Kniegelenk einsetzen zu lassen. Wie froh bin ich, dass ich das gemacht habe! Auch wenn es nach der Operation natürlich noch eine Weile gedauert hat und ich in der anschließenden Reha-Behandlung noch ziemlich intensiv an meinem Knie arbeiten musste – es war ein voller Erfolg. Mein Bein ist wieder ganz gerade und ich habe keine Schmerzen mehr im Kniegelenk. Es ist wieder voll einsatzfähig! Schade, dass man das Rheuma nicht auch mit einer einzigen Operation »wegoperieren« kann.

Die Patientin schildert den typischen Verlauf einer Erkrankung an **Rheuma**, die oftmals zu schweren arthrotischen Veränderungen an den betroffenen Gelenken führt. **Rheuma** – auch **Rheumatismus, Gelenkrheuma** oder **chronische Polyarthritis** genannt – ist eine Erkrankung, die viele Gelenke gleichzeitig oder auch hintereinander angreifen kann und bei der über einen komplizierten Mechanismus im Abwehrsystem des Menschen **Prozesse speziell in der Gelenkschleimhaut** ablaufen. Oftmals treten erste Beschwerden an den Fingergelenken auf. Dort bilden sich **Schwellungen**, aufgrund einer **Entzündung der Gelenkschleimhaut (Arthritis)**. Im weiteren Verlauf gesellen sich **Rötungen** der Haut und **Schmerzen** dazu. Typisch für diese Erkrankung ist auch der schubweise Verlauf, also der stetige Wechsel von relativ beschwerdefreien Phasen zu solchen mit hoher Schmerzhaftigkeit. Parallel zur Schmerzhaftigkeit der Gelenke bewirken die entzündlichen Prozesse in der Gelenkschleimhaut eine sukzessive **Zerstörung des Knorpels**. Besonders in dieser Phase der Erkrankung ist es daher wichtig, dass

spezialisierte Rheumatologen und operativ tätige Orthopäden intensiv zusammenarbeiten und die Patienten selbst informiert und kooperativ sind.

Wenn eine Therapie unterbleibt (und abhängig davon, wie aggressiv die Krankheit verläuft), »frisst« sich die Schleimhautentzündung regelrecht in den Knorpel und den Knochen hinein und führt damit zunächst zu einem **Verlust der Gleiteigenschaften** und schlussendlich zu einer **vollständigen Zerstörung des Gelenks** (◻ Abb. 2.9). Die oben beschriebene Entfernung der entzündeten Schleimhaut kann daher zunächst durchaus sinnvoll sein. In der Regel schreitet die Zerstörung des Gelenks jedoch weiter fort, so dass letztendlich ein künstliches Gelenk implantiert werden muss.

Vor allem dann, wenn eine deutliche **Veränderung der Beinachse** bemerkt wird, sollte die Operation nicht zu lange hinausgezögert werden. Hat sich – wie im hier beschriebenen Fall – ein X-Bein gebildet, ist dies ein Zeichen dafür, dass sich der Kapselbandapparat bereits verändert hat, wodurch sich bei der Gelenk-Implantation der

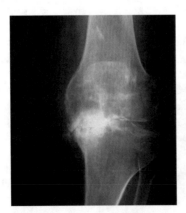
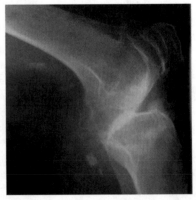

◻ **Abb. 2.9** Kniegelenk mit zerstörtem inneren Gelenkspalt durch Rheuma.

Aufwand erhöht. Dies liegt daran, dass durch die zunehmende Fehlstellung die Seitenbänder »ausleiern« und bei der Operation neu eingestellt werden müssen, damit das künstliche Kniegelenk anschließend eine optimale Stabilität aufweist. Der Zustand, dass dann nur noch das Einsetzen künstlicher Gelenke zu einer Verbesserung der Lebensqualität der **Rheuma-Patienten** führt, kann innerhalb von Jahren nach den ersten Symptomen eintreten, im Einzelfall aber auch schon nach einigen Monaten. Eine **so früh wie möglich einsetzende Therapie** ist daher bei dieser Erkrankung besonders wichtig. Wenn Sie selbst an ähnlichen Symptomen leiden, aber bisher noch keine eindeutige Diagnose gestellt wurde, sollten Sie daher **auf jeden Fall** eine **rheumatologische Facharztpraxis** aufsuchen. Dort wird man mit einer differenzierten körperlichen Untersuchung, speziellen Bluttests (Nachweis von Rheumafaktoren) und anhand von weiteren Untersuchungen (je nach Notwendigkeit Röntgen und Ultraschall) eine aussagekräftige **Diagnose** stellen. Dass dies mitunter schwierig ist, hängt unter anderem damit zusammen, dass der Nachweis (oder Nicht-Nachweis) der so genannten »Rheumafaktoren« für sich allein genommen noch kein aussagekräftiges Kriterium ist. Es gibt nämlich Menschen, in deren Blut diese Faktoren nicht nachweisbar sind, obwohl sie an Rheuma leiden. Die Diagnose Rheuma wird deshalb nur dann gestellt, wenn **vier** der folgenden sieben Kriterien zutreffen:

Diagnose-KriterienRheuma

- Morgensteifigkeit in den Händen, Dauer mindestens eine Stunde
- Arthritis von drei oder mehr Gelenken
- Arthritis an den Händen
- Symmetrische Arthritis (gleichzeitig auftretend an Gelenken auf beiden Körperseiten)
- Rheumaknoten über Knochenvorsprüngen und an Strecksehnen
  ▼

- Nachweis des Rheumafaktors im Blut
- Auf Röntgenbildern erkennbare Veränderungen an Gelenken

Allerdings richten sich die Beschwerden der Patienten nicht immer nach diesen Kriterien. So haben manche Patienten zwar rheumaartige Beschwerden, sind aber streng nach der Klassifikation nicht an Rheuma erkrankt. Dies zeigt umso mehr, wie wichtig eine fachärztliche Betreuung ist, denn nur auf der Basis einer weitgehend gesicherten Diagnose kann eine angemessene Therapie eingeleitet werden.

Um die entzündliche Komponente des Rheumas in den Griff zu bekommen wird als **Medikament** meistens **Cortison** verabreicht. Dies unterdrückt die Entzündung im Körper, hat aber auch einige Nebenwirkungen, die abhängig davon, wie lange und in welcher Dosierung das Medikament eingenommen werden muss, unterschiedlich stark in Erscheinung treten. Grundsätzlich wird versucht, **hohe Dosierungen nur über kurze Zeit und zu Beginn der Therapie** zu verabreichen und dann mit einer niedrigen, so genannten **Erhaltungsdosis** fortzufahren. Wie bei jeder anderen Therapie werden Details auf den Einzelfall abgestimmt. Mitentscheidend für Art und Umfang der Dosierung ist dabei immer die Krankheitsaktivität. Mittlerweile gibt es außer Cortison eine Vielzahl von weiteren, **neuen Medikamenten**, die ebenfalls eine sehr gute Wirkung entfalten können. Leider haben aber auch sie unterschiedliche Nebenwirkungen, und nicht jeder Patient verträgt jedes Medikament gleich gut und so muss dann tatsächlich ausprobiert werden, welches Mittel im Einzelfall das richtige ist. Erst wenn alle Versuche gescheitert sind, durch Medikamente die Beschwerden zu lindern oder das Fortschreiten des Rheumas einzudämmen, wird man eine Operation und das Einsetzen eines künstlichen Kniegelenks empfehlen.

Arthrose nach Verletzungen und Unfällen

Beispiel

■ **Ein 45-jähriger Patient berichtet…**

Bei einem Unfall auf der Arbeit bin ich vor 10 Jahren aus 3 Meter Höhe von einem Gerüst gestürzt und habe mir dabei den Unterschenkelkopf gebrochen. Im Krankenhaus stellte sich heraus, dass der Unterschenkelkopf in mehrere Teile gebrochen war und somit auch das Kniegelenk betroffen war. Der Oberarzt, der mir eine Metallplatte und einige Schrauben zur Stabilisierung meines Knies eingebaut hatte, prophezeite mir, dass ich sicherlich irgendwann eine Arthrose am Kniegelenk bekommen würde. Mein Gelenk sei zwar wieder gut repariert, aber eine Reparatur könne nie so gut sein wie ein gesundes Gelenk. Er meinte, ich solle in Zukunft möglichst auf Fußball und andere Ball- und Kontaktsportarten verzichten. Das habe ich dann auch gemacht und bin nur regelmäßig ins Fitnessstudio gegangen und habe meine Muskeln trainiert. Im Prinzip ging auch alles sehr gut, bis ich dann immer wieder mal Schmerzen im ehemals gebrochenen Knie hatte. Zum ersten Mal aufgefallen ist mir das, als ich wieder mal beim Mauern auf einem Gerüst stand. Da ist es manchmal ganz schön wackelig und man muss ziemlich aufpassen. Ich hatte plötzlich stechende Schmerzen im Knie und wäre beinahe wieder gestürzt. In der Folgezeit hatte ich dann immer häufiger Schmerzen im Knie, die manchmal auch nachts aufgetreten sind. Morgens hat erst mal jeder Schritt wehgetan. Erst nach einer Weile konnte ich einigermaßen normal gehen. Allerdings fing ich zu dieser Zeit damit an, vor der Arbeit regelmäßig eine Schmerztablette einzunehmen, denn mein Hausarzt hatte mich wegen der Schmerzen schon das eine oder andere Mal für ein paar Tage krankgeschrieben. Da mein Chef das nicht gerade gut fand und mir sagte, dass ich mir das nicht mehr oft erlauben könnte, wenn ich meine Arbeit behalten wollte, habe ich mich also mit Schmerzmitteln vollgepumpt.

Trotzdem hatte ich immer öfter das Gefühl, dass mein Knie wackelt und mich nicht mehr richtig trägt und damit fühlt man sich in 10 Metern Höhe auf dem Gerüst nicht gerade wohl. Deshalb bin ich dann noch mal in die Klinik gefahren, in der ich damals operiert worden war und der Oberarzt dort konnte sich auch noch gut an mich und mein Knie erinnern. Er hat mich noch einmal untersucht, dabei an meinem Knie gewackelt und gesagt, dass das Innenband schon sehr ausgeleiert sei. Es wurde auch ein neues Röntgenbild angefertigt und als er es mir erklärt hat, konnte selbst ich als Laie erkennen, dass in meinem Knie etwas nicht in Ordnung war. Der innere Gelenkspalt war ganz eng und platt und das Bein hatte eine »O«-Form bekommen. Schließlich hat mir der Oberarzt erklärt, dass ich mir wohl bald ein künstliches Kniegelenk einsetzen lassen muss und dass der Beruf als Maurer mit diesem Knie nicht mehr das Richtige für mich ist. Ich habe mich jetzt erstmal für eine Umschulung entschieden, schlucke weiter Schmerzmittel und versuche den Zeitpunkt für die Gelenkoperation noch hinaus zu zögern.

Nach **Verletzungen der Menisken** oder der **Bänder**, nach einem **Unfall mit Brüchen** des Ober- und/oder Unterschenkels (Frakturen), bei dem auch die Gelenkflächen geschädigt wurden aber auch nach kleineren Verletzungen oder Überlastungen, die die Patienten vielleicht gar nicht als solche wahrgenommen haben oder erinnern, kann sich eine posttraumatische Arthrose entwickeln. Dies geschieht deshalb, weil sich trotz bester Behandlung nach einer Verletzung Unregelmäßigkeiten und Unebenheiten auf der Gelenkfläche bilden können, die dann wie ein Sandkorn im Getriebe eines Automotors wirken. Dieser Sandkorneffekt, der die Knorpelfläche dann nach und nach zerstört, kann auch nach **Meniskusverletzungen** auftreten, weil die Feinmechanik des Gelenks durch die raue Rissfläche gestört wird, die bei jeder Bewegung über den Gelenkknorpel reibt. Aus diesem Grund ist eine **Meniskus-Operation häufig angebracht**.

Der 45-jährige Patient ist eigentlich noch zu jung für eine Arthrose am Kniegelenk, die üblicherweise erst ab dem 50. bis 60. Lebensjahr auftritt. Durch den Jahre zurück liegenden Bruch seines Unterschenkelkopfes sind jedoch aufgrund des oben beschriebenen Sandkorn-Effektes auch Schädigungen des Knorpels entstanden, und eine **posttraumatische Arthrose** hat sich entwickelt. Typisch ist der Verlauf seiner Erkrankung deshalb, weil er sich bei seinem Unfall auch Verletzungen des Kapselbandapparates (also der Seitenbänder und der Kreuzbänder) zugezogen hat, die dann zu einer **Instabilität des Kniegelenks** geführt haben, weil die Seitenbänder mit der Zeit »ausgeleiert« sind. Es ist durchaus typisch, dass die Patienten dann – wie auch hier beschrieben – ein unsicheres Gefühl verspüren, und zwar meist in Positionen, bei denen die Körperhaltung besonders gut stabilisiert werden muss. Das **vermehrte Gelenkspiel** (verursacht durch die Instabilität des Gelenks) führt zu einer **Mehrbelastung des Knorpels** und zu einem **vermehrten Knorpelabrieb** und damit zu einem **verfrühten Gelenkverschleiß**.

Damit dieser Prozess gar nicht erst in Gang gesetzt wird, sollten speziell **Verletzungen des Innen- und Außenbandes und auch der Kreuzbänder in jedem Fall** von einem spezialisierten **Facharzt** untersucht werden, damit die notwendige Therapie eingeleitet werden kann. Werden solche traumatisch bedingten Schädigungen am Kniegelenk nicht rechtzeitig behoben oder können sie aufgrund ihrer Schwere nicht ausreichend korrigiert werden, wird eine posttraumatische Arthrose unweigerlich entstehen.

Eine Meniskusoperation, durch die der zerstörerische Sandkorneffekt minimiert werden kann, wird arthroskopisch durchgeführt wobei der **Meniskus** entweder **teilweise entfernt oder genäht** wird. Damit versucht man einerseits zu verhindern, dass durch die Rissfläche die Knorpelschicht im Gelenk vorzeitig geschädigt wird und andererseits zu erreichen, dass die Puffer-Funktion des Meniskus so weit wie möglich erhalten bleibt. Ob und in welchem Umfang dies gelingt, hängt allerdings davon ab, in welchem Bereich sich die Verletzung befindet. Ein Meniskus ist nämlich nur in den der Gelenkkapsel nahen Bereichen gut durchblutet. Nur in dieser so genannten »roten Zone« ist seine Heilung möglich, weil nur dort ausreichend Blutgefäße vorhanden sind, die Nährstoffe und damit Heilungschancen liefern könnten. Im mittleren Drittel, der rot-weißen Zone, ist eine Heilung eher unwahrscheinlich und in der innersten, der weißen Zone, finden sich gar keine Blutgefäße mehr, wodurch eine Heilung in diesem Anteil nahezu ausgeschlossen ist. Ob der Meniskus genäht oder teilweise entfernt wird, entscheidet der Operateur während der Arthroskopie, da er erst dann Art und Umfang sowie Lage und Konfiguration des Schadens genau erkennen kann (◘ Abb. 2.10).

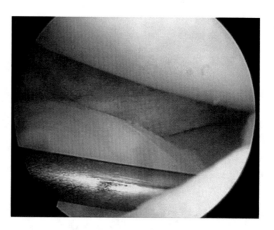

◘ **Abb. 2.10** Meniskusriss. Im arthroskopischen Bild zeigt sich ein V-förmiger Einriss des Außenmeniskus. Ein Tastinstrument hält den Riss auf. Oben im Bild der Oberschenkelknochen.

2

Durch eine Meniskus-Operation wird eine rapide Verschlechterung der Gleiteigenschaften des Gelenks also zunächst noch für eine gewisse Zeit aufgehalten. Allerdings nimmt mit zunehmendem Lebensalter nicht nur die Belastungsfähigkeit des Knorpels stetig ab. Auch der **Meniskus** wird im Laufe der Zeit immer mehr **ausgewalzt** und kann dadurch seine Puffer-Funktion nur noch unzureichend erfüllen. Die Gelenkflächen des Knies werden nun übermäßig belastet und der Körper reagiert auf diese Überlastungssituation mit **Knochen-Anbauten**, so genannten **Osteophyten**. Dieser Versuch des Körpers, die Lastverteilung im Gelenk zu verbessern, gelingt allerdings nur unzureichend und die überschüssigen Verknöcherungen bewirken stattdessen eine **schlechtere Beweglichkeit des Gelenks**.

Arthrose-Stadien ► Wie schlimm es werden kann

Eine Arthrose entwickelt sich – unabhängig davon, aufgrund welcher Ursachen sie entstanden ist – in verschiedenen Stadien, die von Dr. Outerbridge 1963 differenziert beschrieben wurden (◘ Abb. 2.11). Ausgehend von Grad 0, einem gesunden Knorpel ohne Schädigungen und mit glatter Oberfläche, unterteilt er die mit der Arthrose objektiv einhergehenden Veränderungen (Art und Umfang der Degeneration und Zerstörung der Knorpelfläche) in vier Stadien.

Ein gesunder Knorpel/Arthrose Grad 0 sieht weiß-gelblich aus und erscheint glatt wie eine Billardkugel. Es finden sich keine Unregelmäßigkeiten und keine Rillen auf der Knorpeloberfläche und wenn man mit einem Tastinstrument versucht, den Knorpel einzudrücken, dann ist er »prall-elastisch«. Er reagiert mit einer straffen Elastizität, ähnlich der eines Tennisballs und bietet damit eine gewisse Pufferfunktion. Verformungen, die bei punktuell starker Belastung auftreten, bilden sich zurück.

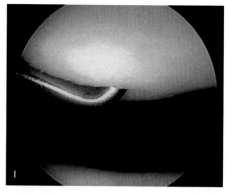

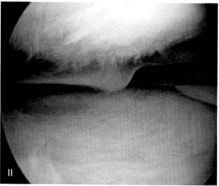

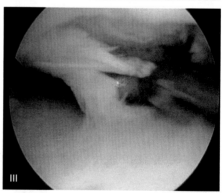

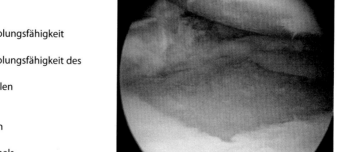

◘ **Abb. 2.11** Stadien der Arthrose
Grad I
− intakter Knorpel, noch glatt
− Verlust von Elastizität und Erholungsfähigkeit
Grad II
− Verlust von Elastizität und Erholungsfähigkeit des Knorpels
− Oberfläche aufgeraut, feine Rillen
Grad III
− deutlicher Knorpelabrieb
− Krater bis fast auf den Knochen
Grad IV
− vollständiger Verlust des Knorpels
− freiliegender Knochen

Arthrose Grad I

Das arthroskopische Bild eines gesunden etwa 40–45 Jahre alten **Patienten zeigt die Kniescheibenrückfläche oben im Bild sowie das** Tastinstrument, mit dem der Knorpel leicht eingedrückt wird (◘ Abb. 2.12). Der Knorpel sieht noch intakt aus, er ist jedoch nicht mehr so widerstandsfähig wie der ganz gesunde Knorpel, denn er hat seine Elastizität und Erholungsfähigkeit verloren.

Schmerzen treten in diesem Stadium nicht auf, und eine Behandlung ist nicht erforderlich, es sei denn, der Meniskus oder andere Strukturen des Kniegelenks sind verletzt oder entzündlich verändert. Patienten mit Arthrose Grad I sollten allerdings **auf ihr Gewicht achten,** denn jedes Kilo Übergewicht belastet auch das Kniegelenk. Darüber hinaus ist eine dosierte aber regelmäßige sportliche Betätigung sehr sinnvoll, damit die Muskulatur nicht erschlafft und das Kniegelenk in Bewegung bleibt, denn: «**Wer rastet der rostet**». Dreimal in der Woche 45 Minuten Fahrrad fahren beispielsweise oder 30 Minuten Nordic Walking oder 30 Minuten Schwimmen sind in der Regel ausreichend, um etwas gegen das Einrosten des Kniegelenks zu tun. Zusätzlich sollte in diesem Alter darauf geachtet werden, dass der ganze Körper beweglich bleibt. Dabei helfen auch regelmäßige Dehnübungen. Die Frage, ob die Ernährungsweise (abgesehen vom Gewicht) für die Erhaltung des Knorpels eine Rolle spielt, ist nicht abschließend geklärt. Es gibt Hinweise dazu, dass bestimmte Präparate knorpelaufbauend wirken. Aussagekräftige Studien zu deren Wirksamkeit gibt es jedoch nicht.

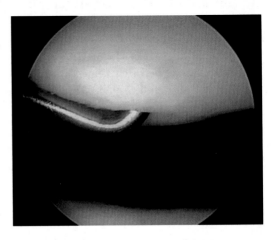

◘ **Abb. 2.12** Arthroskopie eines gesunden Knies

Arthrose Grad II

Beispiel

■ **Eine 55-jährige Patientin berichtet...**

Seit unsere Kinder aus dem Haus waren und mein Mann pensioniert, haben wir unseren »Lebensabend« richtig genossen. Wir haben viel Golf gespielt und wieder mit dem Tanzen angefangen. Beides war sehr schön, denn einerseits kamen wir an die frische Luft und andererseits hatten wir durch die Tanzabende viel Gesellschaft. Manchmal allerdings, nach besonders langen Tanzabenden, bemerkte ich leichte Schmerzen im Kniegelenk, und zusätzlich war das Knie auch immer etwas angeschwollen. Wenn mein Mann und ich eine große Runde Golf gespielt hatten, kam es manchmal vor, dass ich auch danach ziehende Schmerzen an der Innenseite des Gelenks verspürte. Meine Schmerzen waren zwar noch nicht so stark, dass ich eine Schmerztablette hätte nehmen müssen, aber ich bemerkte Sie doch bald mit einer ziemlichen Regelmäßigkeit. Beim Tanzen trieb ich es daher nicht mehr ganz so »wild« und weil mir aufgefallen war, dass nach Walzerabenden das Knie stärker schmerzte als sonst, verzichtete ich vor allem auf die Tänze mit schnellen Drehungen. Auch wenn wir im Golfclub mal nur den Abschlag trainierten und ich hintereinander 50 Abschläge und den Schwung übte, bemerkte ich, dass das meinem Knie gar nicht so gut gefiel. Ich ging also zu meinem Hausarzt, der mir riet, doch einfach etwas gegen die Schmerzen einzunehmen. Da ich aber nicht viel von Tabletten halte, suchte ich einen Facharzt auf.

Der Orthopäde untersuchte mein Knie und fertigte ein Röntgenbild an, auf dem dann zu erkennen war, dass der Knorpel am inneren Gelenkspalt schon etwas abgenutzt war. Die Diagnose lautete »Arthrose Grad II«. Er empfahl mir eine Kniespiegelung, weil er bei dieser arthroskopischen Operation meinen Knorpel glätten und damit die »Gleiteigenschaften« in meinem Knie wieder verbessern könne. Ich hatte Vertrauen zu ihm geschöpft und entschloss mich dazu, den ambulanten Eingriff von ihm durchführen zu lassen.

Schon kurze Zeit später konnte ich operiert werden und erstaunlicherweise hatte ich gar nicht mal so viele Schmerzen, wie ich befürchtet hatte. Ich hatte mir alles viel schlimmer vorgestellt! Die Operation verlief gut und noch am gleichen Abend konnte mein Mann mich wieder abholen. Der Orthopäde besuchte mich dann am nächsten Tag, um zu kontrollieren, ob auch alles in Ordnung war. Er erklärte mir dann, dass der Knorpel in meinem Gelenk zwar schon erste Verschleißerscheinungen gezeigt habe, dass diese aber »altersentsprechend« seien und ich auf jeden Fall sportlich aktiv bleiben sollte. Etwa 2 Wochen nach der Operation wurden die Fäden entfernt. Etwa zur gleichen Zeit konnte ich wieder ganz ohne Schmerzen gehen und auch beim Tanzen und Golfen gibt es keine Probleme mehr. Ich bin sehr froh, dass ich mich für die Operation entschieden habe.

Arthrose Grad II

Bei einer **Arthrose Grad II** reagiert der Knorpel nicht mehr so elastisch und er ist auch nicht mehr so glatt wie eine Billardkugel. Es sind ganz feine Rillen und **erste Aufrauungen** des Knorpels zu erkennen und seine Oberfläche ähnelt nun der von ganz feinem Schmirgelpapier. Ein deutlich **erhöhter Reibewiderstand** ist entstanden. Auf dem Foto ist oben der Oberschenkel, in der Mitte der Meniskus, unten der Unterschenkel zu sehen.

Schmerzen verspüren die Patienten in dieser Phase nur selten (wenn es keine begleitenden Veränderungen, z. B. eine Meniskusverletzung, gibt) und wenn doch, dann nur bei stärkerer Belastung. Weil die Aufrauung im Gelenk jedoch wie ein »Sandkorn im Getriebe« wirkt, kommt es im weiteren Verlauf zu einem stetig fortschreitenden Verschleiß des Knorpels und Schmerzen treten dann häufiger und intensiver auf. Da der Körper parallel dazu mit einer **vermehrten Produktionvon Gelenkflüssigkeit** (»Gelenkschmiere«) reagiert, kann es außerdem zu **Schwellungen des Gelenks** kommen, die aber selten Schmerzen verursachen, sondern eher ein Spannungsgefühl erzeugen (◘ Abb. 2.13).

Um die Beschwerden zu lindern, die Beweglichkeit zu verbessern und den weiteren Verschleiß des Knorpels noch eine Weile aufhalten zu können, wird den Patienten in dieser Phase meist zu einer **arthroskopischen Operation** geraten. Bei einer solchen Operation wird das Kniegelenk mit einer speziellen Flüssigkeit aufgefüllt und gespült und mit Hilfe einer kleinen Fräse werden die **Rillen entfernt** und die **Knorpeloberfläche geglättet**. Durch die **Spülung des Gelenks** werden Schadstoffe und abgestorbene Zellen entfernt.

Nach einer **Arthroskopie** ist es wichtig, dass u.a. durch **physiotherapeutische Behandlungseinheiten** das Gelenk wieder in Bewegung gebracht und auch beweglich gehalten wird. Durch regelmäßige sportliche Betätigung wie Nordic Walking, Schwimmen, Fahrrad fahren oder Wandern sollte in der Folgezeit die Muskulatur gekräftigt werden. Auch regelmäßige Dehnübungen sind gut für die Kniegelenke.

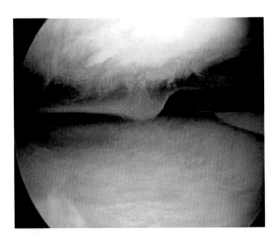

◘ **Abb. 2.13** Arthrose Grad II

Arthrose Grad III

Beispiel

■ **Ein 52-jähriger Patient berichtet...**

In unserer »Altherrenmannschaft« des örtlichen Fußballvereins bin ich schon seit einigen Jahren aktives Mitglied. Das regelmäßige Training und die Turniere haben mir immer sehr viel Spaß gemacht. Natürlich ist man mit über Fünfzig nicht mehr so frisch und dynamisch wie mit Zwanzig, aber ich hatte dennoch immer ein gutes Gefühl bei der Sache, auch wenn mein Hausarzt, der ein guter Freund ist, mich oft gewarnt hat. Fußball sei nicht gerade ungefährlich, da man in meinem Alter langsamer reagiert und bei einem Sturz schnell etwas Ernstes passieren könne. Und so kam es dann auch, denn es gab ein Turnier, bei dem wir es mit der Verteidigung unserer »Clubehre« wohl doch etwas zu ernst genommen haben. Bei einem Abwehrmanöver ist mir ein gegnerischer Spieler so blöd in die Seite gelaufen, dass ich auf das rechte Knie gestürzt bin und es mir dabei auch noch verdreht hatte. Es tat sofort höllisch weh und ich konnte kaum noch auftreten.

Mein Freund untersuchte meine Knie und schickte mich in eine radiologische Praxis, um eine Kernspintomografie machen zu lassen. Wie schon vorher vermutet, zeigten die Bilder einen frischen Knorpelschaden. Deswegen und wegen meiner anhaltenden Schmerzen empfahl mir mein Freund, mich von einem Spezialisten operieren zu lassen. Ich folgte seinem Rat und ging zu dem empfohlenen Orthopäden, der dann auch der Meinung war, dass eine Operation unumgänglich sei, um den Schaden nicht noch größer werden zu lassen, als er sowieso schon ist. Also bin ich einige Tage später in die Klinik und ließ mich arthroskopisch operieren. Toll war, dass der Orthopäde mir angeboten hatte, dass ich die Operation auf dem Monitor verfolgen könne und das habe ich mir natürlich nicht zweimal sagen lassen. Wann hat man denn schon mal die Chance, in sein eigenes Knie zu gucken? Ich konnte dann also sehen, wie er alle Gelenkanteile genau untersuchte, die er mir gleichzeitig erklärte. Selbst ich als Laie konnte erkennen, dass der Gelenkknorpel auf der Außenseite des Gelenks noch sehr gut aussah, auf der Innenseite aber schon etwas angegriffen war und dass da an einer Stelle schon ein ziemliches Loch war, das aussah wie ein Krater. Nun war mir auch klar, woher meine Schmerzen kamen. Der Arzt hat dann diesen Bereich mit einem spitzen Instrument angebohrt und mir erklärt, dass er mit dieser Technik den Knorpel dazu anregen wolle, Ersatzgewebe zu bilden. Dies sei eine Routineoperation.

Einziger Nachteil an der Geschichte war allerdings, dass ich 6 Wochen an Krücken laufen musste, weil ich das Bein nicht voll belasten durfte. Nach dieser Phase und einigen Wochen Physiotherapie hatte ich dann aber tatsächlich keine Schmerzen mehr. Allerdings habe ich das aktive Fußballspielen aufgegeben. Ich habe inzwischen doch Befürchtungen, dass meinem Knie wieder etwas passieren könnte. Ich trainiere jetzt die D-Jugend, das macht auch viel Spaß!

Eine Arthrose Grad III verursacht sehr oft schon relativ starke Schmerzen, denn die Knorpel-Defekte sind bereits sehr ausgeprägt. Das arthroskopische Bild zeigt regelrechte »Krater«, die fast bis auf den Knochen reichen. Links oben bis Mitte ist ein herausgebrochenes Knorpelstück zu erkennen. Knochenschädigungen dieser Art verursachen sehr ungünstige Gleiteigenschaften und einen ausgeprägten Reizzustand im Gelenk. Sie können aufgrund der normalen, altersbedingten Verschleißerscheinungen entstehen, treten jedoch häufig – wie im hier geschilderten Fall – als Verletzungsfolge auf (◘ Abb. 2.14). Der Knorpel ist nicht unendlich belastbar und so können durch **Überlastung** (z. B. bei bestimmten Verdrehbewegungen, bei einem An- oder Aufprall) **Einrisse und Verletzungen** des Knorpels entstehen. Da der Gelenkknorpel des Erwachsenen die Fähigkeit zur eigenständigen Regeneration verloren hat, sind solche Verletzungen äußerst problematisch, weil sie nie vollständig regenerieren können. Wie im Falle dieses Patienten kann also ein Sturz bzw. eine **übermäßige punktuelle Belastung** und/oder ein **Knieverdrehtrauma** dazu führen,

2

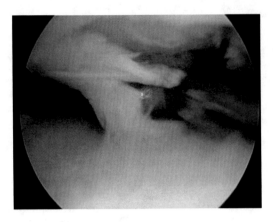

◻ Abb. 2.14 Arthrose Grad III

dass **Risse in der Knorpeldecke** entstehen. Diese mechanisch hervorgerufene Unebenheit kann sich von selbst nicht wieder erholen und verursacht eine **Reduzierung der Gleitfähigkeit**, dies wiederum bewirkt stetige **Reibung** und **Schmerzen**. Die Unebenheit führt außerdem dazu, dass auch auf der gegenseitigen, ursprünglich intakten Knorpel-Kontaktfläche Schäden entstehen und das Gelenk nicht mehr »rund läuft«.

Verletzungen und Schmerzen dieser Art sollten Sie daher **niemals ignorieren**, sondern auf jeden Fall fachärztlich behandeln lassen, weil sonst das Risiko groß ist, dass die Knorpellamelle weiter aufplatzt und bei jeder Bewegung die Schwachstelle noch ein wenig größer wird. Auch hier wirkt der schon an anderer Stelle beschriebene »Sandkorn-Effekt«!

Ziehen Sie im Falle eines **Knorpelschadens** grundsätzlich einen Orthopäden zu Rate, denn er kann aufgrund seiner Fachkompetenz die optimale Therapie einleiten. Bei Knorpeldefekten **Grad III** ist eine **Operation erforderlich**, wobei in der Regel entweder eine so genannte **Anbohrung** oder eine **Knorpelzelltransplantation** durchgeführt wird.

Bei der **Anbohrung** wird zunächst die bereits ohne Knorpel frei liegende tote, oberflächliche Schicht des Knochens abgetragen. Dann wird an dieser Stelle (aber auch direkt unter noch vorhandener aber geschädigter Knorpelfläche) der Knochen angebohrt, so dass es zu feinen Blutungen aus dem Knochenmark kommt. Dies ermöglicht

das Einschwemmen von Gewebszellen, die die Fähigkeit haben, sich in festes Fasergewebe umzuwandeln. Der Körper wird also durch die Anbohrung zur **Bildung eines Ersatzknorpels** angeregt, der natürliche Gelenkknorpel kann ja leider nicht nachwachsen. Im besten Fall füllt dann diese Ersatzlösung den Knorpeldefekt wieder aus und verhindert auch ein weiteres Aufbrechen des Knorpels. Allerdings ist der Ersatzknorpel nicht so belastungsfähig wie richtiger Knorpel.

Bei der **Knorpelzelltransplantation** muss den Patienten in einer ersten Operation zunächst ein wenig Knorpel aus einem nicht belasteten Areal entnommen werden. Anschließend wird dieser **Knorpel im Zelllabor angezüchtet** und vermehrt. Eine Prozedur, die in der Regel 2 bis 4 Wochen dauert. Sobald ausreichend viele Knorpelzellen vorhanden sind, werden diese auf ein spezielles Trägermaterial geschichtet, das einem Faservlies ähnelt und nur wenige Millimeter dick ist. Dieses **Transplantat** wird dann in einer zweiten Operation in den Knorpeldefekt eingepasst und in der Regel mit einem speziellen Gewebekleber fixiert. Erst nach einer **6-monatigen Nachbehandlung** zum Schutz des Transplantates kann das Knie wieder voll belastet und Sport getrieben werden.

Leider ist diese **Methode** jedoch **nicht bei allen Patienten sinnvoll**, da sich gezeigt hat, dass die Knorpelzellen mit zunehmendem Alter ihre Aktivität mehr und mehr reduzieren. Das führt dazu, dass die Vermehrung der Knorpelzellen im Labor dann entweder gar nicht mehr oder nur noch stark eingeschränkt gelingt. Daher ist eine **Knorpelzelltransplantation ab einem Alter von etwa 40 Jahren nicht mehr Erfolg** versprechend. Patienten, die diese Altersgrenze bereits überschritten haben, sollten darum besser eine Anbohrung durchführen lassen. Außerdem ist es besonders für Patienten dieser Altersgruppe unbedingt erforderlich, das betroffene **Kniegelenk** konsequent aber **dosiert zu trainieren** und die Muskulatur zu dehnen, damit das Gelenk nicht einsteift. Starke Stoßbelastungen, wie sie bei Ballsportarten oder Alpin Ski auftreten, sollten aber vermieden werden (spezielle Übungen für das Knie finden Sie im Kapitel 7 »In Bewegung bleiben«).

Arthrose Grad IV

Beispiel

▪ **Eine 67-jährige Patientin berichtet...**

Schon seit einigen Jahren hatte ich recht häufig Schmerzen im Kniegelenk, die ich aber immer gut ausgehalten habe. Ich halte nicht viel vom Jammern und als Mutter von drei Kindern und jetzt Großmutter von fünf Enkelkindern bin ich so beschäftigt, dass ich gar keine Zeit hatte, mich mit meinen Schmerzen zu befassen. Vor einigen Jahren hatte mein Orthopäde mal eine Arthroskopie bei mir gemacht, weil ich nach einer langen Wanderung starke Schmerzen im Knie hatte und es auch gar nicht mehr ganz strecken konnte. Es stellte sich heraus, dass tatsächlich der Meniskus auf der Innenseite des Kniegelenks eingerissen war und mein Orthopäde sprach damals von einer »degenerativen Ruptur«, die wohl durch die Überlastung bei der Wanderung aufgetreten sei. Er wies mich auch darauf hin, dass er auch degenerative Veränderungen am Knorpel gesehen habe, die allerdings meinem Alter entsprächen, also ganz normal seien. Ich solle dafür sorgen, meine Muskulatur zu kräftigen und insgesamt auf mein Knie achten.

Ich gab meinen Enkeln den Vorrang und – wie ganz normal mit kleinen Kindern – kniet man beim Spielen mit den Kleinen sehr oft auf dem Boden. Das war wohl auf die Dauer zu viel für mein Kniegelenk. Ich bekam immer öfter immer stärkere Schmerzen, teilweise auch nachts. Dann waren sie aber auch wieder wie weggeblasen. Mein Orthopäde gab mir, wenn es mal wieder ganz schlimm war, schon einmal eine Cortison-Spritze ins Knie. Leider kamen die Schmerzen aber immer wieder. Dazu gesellte sich eine immer wieder auftretende Schwellung, die von meinem Hausarzt einige Male punktiert wurde. Inzwischen wurde mein Knie auch wieder einmal geröntgt und sogar ich konnte auf den Bildern erkennen, dass es so nicht mehr in Ordnung ist. Meine Arthrose hatte sich verschlimmert. Medikamente gegen die Schmerzen halfen nur kurzzeitig.

Mittlerweile habe ich Schmerzen bei fast jedem Schritt. Hinknien kann ich mich fast gar nicht mehr. Meine Enkel sind schon ganz traurig, dass die Oma nicht mehr so agil ist wie noch vor einem halben Jahr und ich bin an einem Punkt angelangt, an dem ich die Schmerzen und die damit verbundenen Einschränkungen nicht mehr ertragen will und mir eine (Er-)Lösung herbeisehne. Sowohl mein Hausarzt als auch mein Orthopäde empfehlen mir nun, mir eine Knieprothese einsetzen zu lassen. Ich bin fest entschlossen, ihrem Rat zu folgen.

Bei **Arthrose Grad IV** ist der Höhepunkt der Erkrankung erreicht. Der Knorpel ist vollständig verschwunden. Knochen reibt auf Knochen. Die damit verbundenen Beschwerden sind vielfältig und führen (wie in der hier geschilderten Krankengeschichte) zu einer erheblichen Einschränkung der Lebensqualität. Im Bild auf der folgenden Seite ist der Oberschenkel, unten der Unterschenkel, mit freiliegendem Knochen (rot) zu sehen (◘ Abb. 2.15).

Auch in diesem Fall lässt sich die Entwicklung der Erkrankung mit einer **Jahre zurückliegenden Schädigung** am Kniegelenk in Verbindung bringen: Ein **Meniskuseinriss**, der arthroskopisch operiert wurde. Durch die Operation konnte eine rapide Verschlechterung der Gleiteigenschaften des Gelenks noch für eine gewisse Zeit aufgehalten werden.

Da sich jedoch mit zunehmendem Lebensalter nicht nur die Belastungsfähigkeit des Knorpels stetig verringert, sondern auch der **Meniskus** im Laufe der Zeit immer mehr **ausgewalzt** wird, kann er dadurch seine Puffer-Funktion nur noch unzureichend erfüllen. Die Gelenkflächen des Knies werden nun übermäßig belastet und der Körper reagiert dann – wie im hier beschriebenen Fall – auf die Überlastungssituation mit **Knochen-Anbauten** (Osteophyten).

2

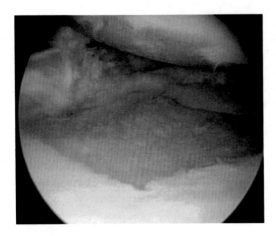

◨ **Abb. 2.15** Arthrose Grad IV

Dieser Versuch des Körpers, die Lastverteilung im Gelenk zu verbessern, gelingt allerdings nur unzureichend und die überschüssigen Verknöcherungen bewirken stattdessen eine schlechtere Beweglichkeit des Gelenks und einen kontinuierlichen Knorpelabrieb. Die Patienten bemerken ein schleichendes »Einrosten« ihres Kniegelenks, der Knorpelabrieb verursacht eine Entzündung der Gelenkschleimhaut und eine vermehrte Produktion von Gelenkflüssigkeit, was zu einer deutlichen Schwellung und auch Überwärmung des Knies führt, das sich dann vor allem nach Belastung heiß anfühlt. Der Höhepunkt der Erkrankung ist erreicht, denn eine Knorpelglatze ist entstanden. Die Patienten laufen nun – vergleichbar einem Auto mit vollständig plattem Reifen – auf der Felge. Daher sind die von der Patientin beschriebenen schlagartig auftretenden Schmerzen beim ersten Schritt oder beim Hinknien durchaus typisch.

Die Intensität der Schmerzen verläuft wellenförmig und nach Phasen mit großer Heftigkeit erleben die Patienten auch wieder fast leidensfreie Zeiten. Insgesamt tendiert dieser Prozess aber zum Schlechteren und wird unerträglich, obwohl immer häufiger Schmerzmittel eingenommen werden. Wenn dann im wahrsten Sinne des Wortes »nichts mehr geht«, weil buchstäblich jeder Schritt mit großen Schmerzen verbunden ist, beginnen die betroffenen Patienten damit, sich mit dem Gedanken an ein »neues Kniegelenk« anzufreunden.

Wege aus dem Schmerz:
Künstliche Kniegelenke

3

Viele der vorab beschriebenen Beschwerden, Bewegungseinschränkungen, Schmerzen und mehr oder minder erfolgreiche Therapieversuche werden Sie vermutlich aus eigener Erfahrung nur allzu gut kennen. Sie wissen nun, dass Ihnen nur noch die Implantation eines neuen Kniegelenks wirklich helfen kann, aber die Entscheidung fällt Ihnen möglicherweise noch schwer und Sie fragen sich ...**und jetzt ein künstliches Kniegelenk? Eine Endoprothese?**

Vielleicht schwirren Ihnen noch zu viele Fragen im Kopf herum und Sie sind deshalb noch unsicher, ob Sie dem Rat Ihres Arztes oder Ihrer Ärztin folgen sollen, sich möglichst bald ein »neues Kniegelenk« einsetzen zu lassen. Vielleicht haben Sie Angst vor der Operation, weil Sie noch nie operiert wurden und nicht abschätzen können, was da auf Sie zu und in Sie hinein kommt? Vielleicht haben Sie auch Angst vor der Zeit danach und befürchten Komplikationen oder einen Misserfolg? All dies ist verständlich. Ich weiß jedoch aus vielen Gesprächen mit Patienten, dass Ängste dieser Art ungefähr in dem Maße abnehmen, wie das Verständnis für das zunimmt, **was vor, bei und nach der Operation passiert.** Aus diesem Grund finden Sie die wichtigsten Informationen dazu – verknüpft mit Schilderungen aus der Sicht betroffener Patienten – im folgenden Teil des Buches, ergänzt durch eine Reihe von Antworten auf häufig gestellte Fragen.

Knieendoprothesen ▶ Formen, Materialien, Verfahren

Ein **künstliches Kniegelenk** ersetzt die zerstörten Gelenkanteile in Ihrem Knie. Es **deckt** die zuvor von zerstörtem Knorpel befreiten und geglätteten **Knochenflächen ab,** ähnlich wie eine Zahnkrone den abgeschliffenen Zahn. Die Prothesen sind dem menschlichen Kniegelenk nachempfunden und für jeden Patienten

gibt es die **passende Größe** und die **passende Form.** Die verschiedenen Größen sind so fein abgestuft, dass sie für jede Patientin und für jeden Patienten optimal abgestimmt werden können. Größe sowie Form/Prothesentyp werden in Abhängigkeit davon ausgewählt, wie weit die Zerstörung des Kniegelenks bereits fortgeschritten ist und stets mit der Absicht, bei der Operation so viel Knochensubstanz wie irgend möglich zu erhalten. Die optimal passende Größe wird vor der Operation anhand des Röntgenbildes ermittelt und während der Operation mit einer **Probier-Prothese** überprüft. Erst danach wird die **Original-Prothese** eingesetzt (◻ Abb. 3.1).

Die Endoprothesen bestehen im Wesentlichen aus **zwei Teilen und zwei Materialien.** Ein Teil wird mit dem **Oberschenkelknochen,** der andere mit dem **Unterschenkelknochen** verbunden. Um eine stabile Verbindung der beiden Teile mit dem Knochen zu erreichen, haben beide Prothesenteile an ihrer Unterseite (die der begradigten Knochenfläche zugewandt ist) mehr oder weniger lange **Stifte,** die in den Knochen hinein ragen. Die Teile der Endoprothese, die für Stabilität sorgen, sind immer aus einer **Metalllegierung,** die – je nach Hersteller – in ihrer Zusammensetzung variiert. Der Teil der Endoprothese, der für optimale Gleiteigenschaften sorgt, ist das **Inlay aus Polyethylen.** Dies ist ein besonders hoch vernetzter und damit sehr belastbarer Kunststoff. Wie für die Größe des Gelenks gilt auch für das Material, dass die individuell unterschiedlichen Gegebenheiten des jeweiligen Falls immer berücksichtigt werden können. So müssen Patienten, bei denen zum Beispiel eine Nickel-Allergie besteht, deswegen trotzdem nicht auf einen Gelenkersatz verzichten, da es Prothesen gibt, in deren Metalllegierung dieses Metall nicht enthalten ist.

Die beiden metallenen Gelenkteile werden in der Regel durch **Knochenzement,** der wie ein Klebstoff funktioniert, am Knochen befestigt.

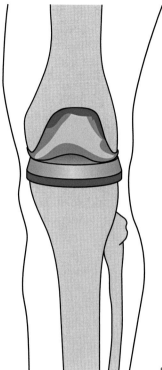

◨ **Abb. 3.1** Bicondyläre Prothese. © DePuy

Zwischen die beiden Metallteile wird das **Inlay** eingefügt, welches am Unterschenkelanteil fest fixiert wird. Da die Konturen des Inlays denen des Oberschenkelanteils der Endoprothese sehr ähnlich sind, kann der Oberschenkelanteil auf der Polyethylenscheibe optimal gleiten. Gleichzeitig wird eine hohe Stabilität des künstlichen Gelenks erreicht.

Prinzipiell wird das **Inlay fest mit dem Unterschenkelanteil der Prothese verbunden**. Allerdings kamen einige Studien zu dem Ergebnis, dass sich durch diese feste Verbindung das Polyethylen schnell abnutzt und dadurch auch eine Auslockerung der Prothese früher auftreten kann. Diese Erkenntnis führte dazu, dass Prothesen entwickelt wurden, bei denen das **Inlay nicht fest** mit dem Unterschenkelanteil verbunden ist, sondern dort lediglich mit einem Zapfen in eine Vertiefung gesetzt wird, was be-

wirkt, dass es eine leichte Drehung mitmachen kann. Dieses **rotierende oder mobile Inlay** ist den Verhältnissen im natürlichen menschlichen Kniegelenk nachempfunden, welches in der Beugung eine leichte Drehung des Unterschenkels gegenüber dem Oberschenkel erlaubt (was es uns beispielsweise erleichtert, aus der Hocke wieder aufzustehen). Man glaubte, dadurch eine längere Haltbarkeit der Prothesen zu erreichen und auch günstigere Verhältnisse für den Gangzyklus zu schaffen. Allerdings wird die Diskussion darüber, ob diese Ziele tatsächlich erreicht werden, nach wie vor kontrovers geführt. Es gibt eine Vielzahl von Studien zum Thema und ich selbst habe auch Vergleichsstudien dazu durchgeführt. Ein wesentlicher Unterschied hinsichtlich der Funktionalität und Haltbarkeit der jeweiligen Prothesenformen sowie der Zufriedenheit der Patienten ist derzeit nicht feststellbar.

3

Abhängig davon, wie ausgeprägt der Knorpelschaden ist und an welcher Stelle im Kniegelenk er sich befindet (nur an der Innenseite; nur an der Außenseite; innen und außen), kommen **verschiedene Endoprothesen-Typen zum Einsatz.**

> **Endoprothesen-Typen**
>
> - Unischlitten
> - Doppelschlitten
> - Individualprothesen am Ende von Individualprothesenentfernen
> - Achsgeführte Prothese
> - Kniescheibengleitlagerersatz
> - Revisionsprothese

Etwa **80 Prozent** aller in Deutschland implantierten Knieprothesen werden **mit Knochenzement** eingesetzt. Die **zementierte Knieprothese** bietet den Vorteil, dass das Kniegelenk im Prinzip **direkt nach der Operation wieder voll belastbar** ist, da der als Bindeglied zwischen Knochen und Prothese verwendete Knochenzement innerhalb von 12-15 Minuten restlos aushärtet, so dass am Ende der Operation die Prothese bereits vollständig mit dem Knochen verbunden ist. Dies bedeutet für die Patienten, dass sie – wenn es der Wundschmerz zulässt und sie Vertrauen zu der Tragfähigkeit ihres neuen Gelenks gefasst haben – ihr operiertes Bein sehr bald und ohne Einschränkung belasten können und zwar ohne Angst davor haben zu müssen, dass sich die Position der Prothese noch verändert.

Die **zementfreie Knieprothese** wird **ohne Knochenzement** eingesetzt, was aber nur dann möglich ist, wenn der **Knochen** noch eine **sehr gute Festigkeit** hat und ein ausreichendes Fundament für die Prothese bietet. Zementfrei implantiert wird vor allem bei jüngeren Patienten, weil deren Knochen diese Bedingungen meist noch erfüllen. Ein **Vorteil** dieses Verfahrens ist, dass **kein zusätzliches Fremdmaterial** (der Knochenzement) in das Gelenk eingebracht wird. Da diese Prothesen noch in den Knochen einheilen müssen, sind sie allerdings **nicht sofort voll belastbar.** Die Patienten müssen über einen Zeitraum von sechs Wochen mit Unterarmgehstützen laufen, da zunächst nur eine Teilbelastung des operierten Beines möglich ist. Die Haltbarkeit ist nach bisheriger Erfahrung etwas kürzer als bei einer zementierten Knieprothese.

Leider kursieren nach wie vor **Gerüchte,** dass eine zementierte Endoprothese aufgrund des verwendeten Knochenzementes schlechter sei als eine zementfreie und dass bei einem notwendig werdenden Wechsel der zementierten Knieprothese mit einem starken Knochenverlust gerechnet werden müsse. **Beide Behauptungen sind falsch.** Da die Operationstechniken, die bei einer Wechseloperation angewendet werden, weiter verbessert werden konnten, ist heutzutage der Knochenverlust auch bei der Entfernung einer zementierten Knieprothese sehr gering.

Auf den folgenden Seiten werden Form, Funktion und Platzierung der unterschiedlichen Prothesen-Typen zunächst einzeln – und verknüpft mit Patientenschilderungen – beschrieben, abgebildet und grafisch dargestellt. Im Anschluss daran werden alle Typen noch einmal in einer **vergleichenden Übersicht** zusammengefasst.

Unischlitten

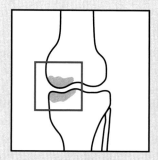

◻ Abb. 3.2

Beispiel
■ **Ein 52-jähriger Patient berichtet...**
O-Beine hatte ich eigentlich schon immer, und
als leidenschaftlicher Fußballer – leider nur in der
Kreisklasse – fand ich das auch ganz normal. Echte
Fußballerbeine eben, wie man so sagt. Da es beim
Fußballspielen manchmal ganz schön hart zur Sache
geht, hatte ich natürlich immer mal wieder auch kleinere oder größere Blessuren an den Kniegelenken
und mit 29 habe ich mir bei einem Spiel das Knie so
verdreht, dass mir der Innenmeniskus gerissen ist.
Ich musste mich operieren lassen und der Meniskus
wurde komplett entfernt, weil er ziemlich »zerfled-
dert« war, wie der Chirurg meinte. Außerdem sagte
er mir, dass ich das mit meinen O-Beinen nicht einfach so lassen sollte und dass eine »Umstellung« der
Beine in meinem Fall nötig wäre, weil sie mir sonst in
Zukunft sicher Probleme machen würden.

Ich nahm das zur Kenntnis, kümmerte mich
dann aber aus Zeitmangel doch nicht weiter darum, denn meine Frau und ich bauten damals gerade ein Haus und mein Betrieb als selbständiger
Schreiner steckte auch noch in der Anfangsphase.
Wenn ich im Betrieb mit der Arbeit durch war,
hab' ich an unserem Haus weitergebaut! Und dass
einem bei so viel körperlicher Arbeit die Knochen
schon mal wehtun, fand ich ganz normal. Die immer mal wieder auftretenden Schmerzen an der
Innenseite des linken Kniegelenks schob ich daher auch auf die schwere Arbeit und die fehlende
Erholung. So ignorierte ich also mein schmerzen-
des Knie so lange, bis vor einigen Jahren so starke
Schmerzen auf der Innenseite zur Tagesordnung

gehörten, dass ich – obwohl eigentlich Tablet-
tengegner – Schmerzmittel nehmen musste, um
noch irgendwie klar zu kommen. Da die Schmerzen zum Dauerzustand wurden, ließ ich dann vor
einigen Jahren eine Kniespiegelung machen und
der Operateur sagte mir danach, dass mein Knie
im Prinzip noch ganz in Ordnung sei, dass aber
die Innenseite meines Gelenks schon ziemlich kaputt wäre, weil dort die Arthrose schon sehr weit
fortgeschritten sei. Daher sei es jetzt auch für eine
Umstellung des linken Beines zu spät.

Was blieb mir anderes übrig als zu versuchen,
nun irgendwie zurecht zu kommen, was in der
ersten Zeit nach der Operation auch ganz gut
ging. Die Schmerzen waren deutlich gebessert,
ich konnte wieder in der Werkstatt stehen und
schwierige Arbeiten selber durchführen. Aber mit
der Zeit kamen die Schmerzen wieder und ich
wachte immer öfter auch nachts davon auf.

Als ich außerdem auch noch bemerkte, dass
mein O-Bein noch schlimmer geworden war,
ging ich schweren Herzens wieder zu meinem
Orthopäden. Er hat mir dann dazu geraten, mich
in einer Klinik untersuchen zu lassen, die darauf
spezialisiert ist, künstliche Kniegelenke einzusetzen. Ich folgte seinem Rat, ließ mich dort auch
nochmals röntgen und die Ärzte erklärten mir
dann, dass durch die jahrelang auf das Kniegelenk
einwirkende Fehlbelastung wegen der Fehlstellung des O-Beins die Innenseite des Gelenks nun
einseitig abgelaufen sei. Da der Rest meines Kniegelenks aber noch keine Arthrose hätte, empfahl
man mir ein künstliches Gelenk nur für die Innenseite des Knies, einen Unischlitten. Ich ließ dann
so bald als möglich die Operation durchführen
und war schließlich ganz erstaunt, dass ich schon
einige Tage nach der Operation sehr gut an zwei
Krücken laufen konnte und fast keine Schmerzen
mehr hatte. Inzwischen sind schon zwei Jahre
vergangen und ich bin immer noch froh, dass
ich mich zu dieser Operation entschlossen habe.
Mein Knie funktioniert gut und ich kann mich
auch wieder hinknien. Da ich inzwischen ein En-
kelkind bekommen habe, ist mir das sehr wichtig!

Die hier beschriebene, **einseitige Arthrose an der Innenseite des Kniegelenks** ist der typische **Folgeschaden**, der sich dann einstellt, wenn ausgeprägte O-Beine ignoriert werden, die **Fehlstellung der Beinachse nicht rechtzeitig korrigiert** wird und man den allmählich zunehmenden Schmerzen zu wenig Beachtung schenkt. Wie bereits in Kapitel 2 beim Punkt: **Wodurch Arthrose entsteht**, beschrieben, führt dies zu einem schleichenden Verschleiß des Gelenkknorpels auf der Innenseite (oder der Außenseite) des Kniegelenks, vergleichbar dem einseitig abgefahrenen Profil eines Autoreifens, der etwas aus der Spur läuft.

Wenn man rechtzeitig auf die Fehlstellung und die Schmerzen reagiert, kann eine so genannte **Umstellungs-Osteotomie** die Tragachse des Beins wieder ins Lot bringen. Bei dieser Operation wird in der Regel der Unterschenkelknochen durchtrennt, um eine paar Grad verkippt und dann verschraubt, damit er in der neuen Position wieder zusammenwächst. Diese Korrektur der Beinachse führt dann im Ergebnis dazu, dass beide Gelenkanteile des Kniegelenks gleichmäßig belastet werden und ein einseitiger Knorpelabrieb verhindert wird. Wird der **richtige Zeitpunkt** für diese Operation jedoch **verpasst**, ist der Gelenkverschleiß dann meist schon so groß, dass punktuell nahezu kein Knorpel mehr vorhanden ist und die **Umstellung** dann **nicht mehr aussichtsreich** ist.

Der **Unischlitten** – ein einseitiger Gelenkersatz– kann in so einem Fall helfen, allerdings nur dann, wenn das Kniegelenk sonst keine Schäden aufweist (◘ Abb. 3.3). Es muss daher vor der Entscheidung für diesen Prothesentyp genau geprüft werden, ob die **übrigen Gelenkflächen**, also die benachbarte Seite des Kniegelenks und auch das Kniescheibengleitlagergelenk, **frei von höhergradigen Knorpel**schäden sind. Nur wenn dies der Fall ist, macht es Sinn, einen Unischlitten einzusetzen. Vorteil dieser Prothese ist es, dass die Operation mit einem recht **kleinen Schnitt** durchgeführt werden kann, der meist nur 6-8 cm lang ist, denn es muss ja nur an einer Seite des Gelenks gearbeitet werden. Außerdem ist auch der **Knochenverlust vergleichsweise gering**, weil auch der Knochen nur einseitig, an den schadhaften Stellen am Unterschenkel und am Oberschenkel abgetragen wird. Entsprechend der individuellen Kontur des Knies wird der **Unischlitten** angepasst und ersetzt die abgetragenen Flächenanteile. Um eine bessere Haltbarkeit zu erreichen, werden diese Prothesen in der Regel **mit Zement** in das Kniegelenk implantiert.

Da durch den verhältnismäßig kleinen Schnitt auch die Muskeln und Sehnen des Kniegelenks geschont werden, ist die Rehabilitationszeit der Patienten nach der Operation vergleichsweise kurz. **Allerdings kommt dieser Prothesentyp nur für wenige Patienten in Frage**, da die Voraussetzung »ansonsten intaktes Kniegelenk« nur relativ selten gegeben ist.

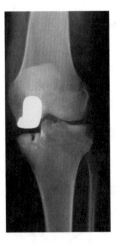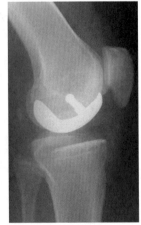

◘ **Abb. 3.3** Implantierter Unischlitten. © DePuy

Doppelschlitten

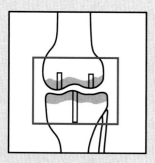

◼ Abb. 3.4

Beispiel

▪ **Eine 63-jährige Patientin berichtet…**

Seit einigen Jahren hatte ich mal mehr, mal weniger starke Schmerzen in beiden Kniegelenken und wenn ich ohne Schmerzen wandern oder einen längeren Einkauf tätigen wollte, musste ich Schmerztabletten einnehmen. Trotzdem musste ich aber immer öfter passen und daheim bleiben, weil meine Schmerzen trotz Medikament einfach zu stark waren. Natürlich ging ich zu meinem Hausarzt, und der erklärte mir, aufgrund aktueller Röntgenbilder, dass ich Arthrose an beiden Kniegelenken hätte und dass man da, außer Schmerzmittel zu nehmen, wohl nichts machen könne, außer abzuwarten. Irgendwann müsste ich mir wohl ein künstliches Kniegelenk einpflanzen lassen, er würde mir jedoch davon abraten, es würde bei der Operation viel Knochen entfernt und die Haltbarkeit solcher Gelenke sei auch nicht gut.

So biss ich weiterhin die Zähne zusammen, obwohl mir vor allem die Schwellung des linken Kniegelenks sehr zu schaffen machte. Das »Abziehen«

der Flüssigkeitsansammlung im Knie durch meinen Hausarzt brachte nur kurzfristig Erfolg, und nach einigen Wochen war das Knie wieder dick.

In der Zeitung las ich dann einen sehr informativen Artikel über künstliche Kniegelenke und erfuhr fast nur Gegenteiliges von dem, was mir mein Hausarzt erzählt hatte! So bin ich endlich zu einem Facharzt für Orthopädie gegangen. Es wurden neue Röntgenbilder gemacht und nachdem ich sehr differenziert befragt und untersucht wurde, meinte der Orthopäde: »Schade, dass Sie erst jetzt gekommen sind. Ein paar Jahre früher hätte man Ihnen sicher noch mit einer Arthroskopie am Knie helfen können. Jetzt ist Ihre Arthrose dafür schon zu weit fortgeschritten«. Sogar ich konnte auf den Röntgenbildern erkennen, dass der innere Gelenkspalt ganz schmal war und überall schon Knochenzacken zu sehen waren. Schließlich klärte mich der Arzt über die Möglichkeiten der modernen Knieendoprothetik auf, und was ich da hörte entsprach auch dem, was ich in der Zeitung gelesen hatte. Ich entschloss mich zur Operation und ließ mir zunächst am schlimmeren linken Kniegelenk ein künstliches Gelenk einsetzen. Da die Operation ein voller Erfolg war und ich bereits nach der Reha wieder sehr gut gehen konnte, entschloss ich mich bald dazu, auch das rechte Knie operieren zu lassen, und ich habe es nicht bereut. Die Operationen sind jetzt 1,5 Jahre her und mein Mann und ich waren kürzlich zum Wandern in den Alpen. Es war herrlich, bergauf und bergab (und endlich wieder ohne Schmerzen!) mit ihm unterwegs zu sein.

In Deutschland werden weit überwiegend **Doppelschlitten** implantiert (◼ Abb. 3.5). Prothesen dieser Art **decken die vollständige Gelenkoberfläche ab** (also die Innen- und Außenseite des Gelenks, daher die Bezeichnung Doppelschlitten im Gegensatz zum Unischlitten. **Voraussetzung** für die später optimale Funktion des künstlichen Kniegelenks sind **stabile Seitenbänder** und ein **intaktes hinteres Kreuzband**, denn der Prothesen-Anteil für den Oberschenkel ist mit dem Anteil für den Unterschenkelknochen nicht mechanisch verbunden. Der funktionsfähige Bandapparat muss also nach der Implantation für die Führung der beiden

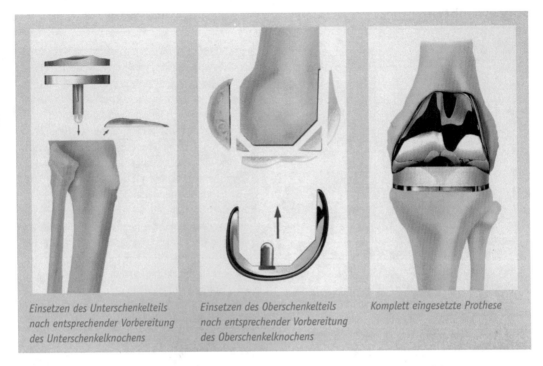

Einsetzen des Unterschenkelteils nach entsprechender Vorbereitung des Unterschenkelknochens

Einsetzen des Oberschenkelteils nach entsprechender Vorbereitung des Oberschenkelknochens

Komplett eingesetzte Prothese

◘ Abb. 3.5 Op-Technik Doppelschlitten. © DePuy

künstlichen Gelenkanteile sorgen und somit die Stabilität des Gelenks ermöglichen. Wenn dies gegeben ist und die Patienten bewusst und aktiv an Ihrer physiotherapeutischen Nachbehandlung mitwirken, ist es – wie im hier beschriebenen Fall – auch relativ problemlos möglich, innerhalb kurzer Zeit zwei künstliche Kniegelenke nacheinander zu implantieren.

Grundsätzlich werden auch bei diesem Prothesentyp ausschließlich die schadhaften Anteile der Gleitflächen im Knie abgetragen, und es wird immer darauf geachtet, den Knochenverlust so gering wie möglich zu halten.

In der Regel werden **Doppelschlitten mit Knochenzement** eingesetzt, allerdings ist auch die zementfreie Implantation möglich.

Die von der Patientin geschilderte Krankengeschichte macht deutlich, dass sich die folgenden Fakten leider immer noch nicht bei allen Ärzten herumgesprochen haben:

— **Das schnelle Fortschreiten einer Arthrose kann abgebremst werden!**
— **Die Implantation eines künstlichen Kniegelenks ist an dafür spezialisierten Zentren eine Routineoperation!**

Wenn also bei Ihnen eine **Arthrose** des Kniegelenks diagnostiziert wurde, sollten Sie sich immer in einer orthopädischen Praxis untersuchen und beraten lassen. Dort kann man am besten einschätzen, welche Therapie Ihnen helfen kann und wann der Zeitpunkt für welche Operation gekommen ist. Oft lässt sich durch eine **rechtzeitig durchgeführte arthroskopische Operation** am Knie die Implantation eines künstlichen Gelenks noch hinauszögern. Leider wird aber – wie im hier geschilderten Fall – diese Chance oft vertan, so dass die Arthrose dann ungehindert fortschreiten kann.

Individualprothese

Beispiel

■ **Ein 46-jähriger Patient berichtet...**

Vor 15 Jahren habe ich mich als Fliesenleger selbständig gemacht, und in der Anfangszeit habe ich in der Tat »selbst und ständig« gearbeitet. Wie es der Beruf so mit sich bringt, war ich dabei oft auf meinen Knien unterwegs und hatte nach den langen Tagen immer wieder mal Schmerzen im linken Kniegelenk, vor allem um die Kniescheibe herum. Oft habe ich das Knie dann mit einer Sportsalbe eingecremt, und das hat meist ganz gut geholfen. Mittlerweile läuft mein Betrieb sehr gut und so konnte ich mich mehr und mehr aus dem handwerklichen Geschäft zurückziehen. Ich saß nun häufiger am Schreibtisch, um den Papierkram zu regeln, hatte aber auch dann immer wieder die Schmerzen im Kniegelenk, vor allem wenn ich lange gesessen habe. Ich merkte auch, dass ich nach einigen Minuten Spazieren gehen Schmerzen bekam und besonders auch dann, wenn ich Treppen herunter ging. Dann hatte ich richtig stechende Schmerzen vorne am Knie.

Mein Hausarzt gab mir schon mal eine Spritze ins Knie, die auch gut half, aber leider war der Schmerz nach einigen Wochen wieder da. Er überwies mich dann zu einem Orthopäden, der mir vorschlug, es doch zunächst mit Knorpelaufbauspritzen zu versuchen – die ich selbst bezahlen musste – doch auch die haben leider gar nicht geholfen und der Schmerz blieb unverändert. Auf dem Röntgenbild sah man auch, dass das Kniescheibengleitlagergelenk ganz zerstört und so auch der innere Gelenkspalt schon ziemlich reduziert war. Der Orthopäde hat dann als nächstes mein Kniegelenk ge-

spiegelt und festgestellt, dass an der Innenseite und hinter der Kniescheibe schon gar kein Knorpel mehr vorhanden war. Mein Knieproblem war also etwas für einen wirklichen Spezialisten und so überwies er mich dann an eine Universitätsklinik. Der Arzt dort untersuchte das Kniegelenk sehr genau, begutachtete die Röntgenbilder und schlug mir dann vor, aufgrund meines noch jungen Alters eine Teilprothese einzusetzen, die nur die Innenseite des Gelenks und die Kniescheibe ersetzen würde. In dem langen Gespräch erklärte er mir auch, dass es inzwischen neuartige Prothesen gäbe, die ganz individuell – wie ein Maßanzug – für den jeweiligen Patienten hergestellt würden. Er sagte auch, dass dies zwar eine neue und viel versprechende Technik sei, dass man damit aber noch keine Langzeiterfahrung hätte. Trotz dieses kleinen Unsicherheitsfaktors habe ich dann für die neuartige Prothese entschieden, denn die Vorstellung einen »Maßanzug« zu bekommen, statt eines Modells von der Stange, gefiel mir doch sehr.

Damit man die Prothese passgenau für mich herstellen konnte, war eine Kernspinntomografie nötig. Nachdem man mich also durch diese »Röhre« geschoben hatte, wurden die Daten dieser Kernspinnuntersuchung an die Prothesenfirma geschickt, die dann innerhalb von 6 Wochen meine Prothese herstellte. Die Operation verlief dann ohne Komplikationen und schon nach wenigen Tagen konnte ich wieder gut mit Krücken laufen und hatte nur noch ganz wenig Schmerzen. Heute, zwei Jahre nach der Operation, bin ich noch immer hoch zufrieden und komme sehr gut mit meiner Prothese zurecht. Nun bin ich mal gespannt, wie lange sie halten wird.

Dem – mit 46 Jahren – noch relativ jungen Kniepatienten wurde ein **Bi-Kompartmentersatz** implantiert. Diese spezielle Prothesenform gehört zur Gruppe der **Individualprothesen**, einer noch relativ jungen Entwicklung im Be-reich der Knieendoprothetik, deren Produkte erst seit wenigen Jahren zum Einsatz kommen (◘ Abb. 3.6). Die grundsätzliche Idee, die dahinter steckt, ist die, dass sich Menschen nicht nur in Geschlecht, Herkunft, Körpergröße und Gewicht unterscheiden, sondern auch hinsichtlich der knöchernen Formdetails am Kniegelenk. Kein Kniegelenk gleicht exakt dem anderen. Daher geht man davon aus, dass eine – über das bisherige Maß hinaus – optimierte Passgenauigkeit und Platzhaltigkeit eines Implantats nur dann gewährleistet ist, wenn dieses speziell für den jeweiligen Patienten angefertigt wird.

Das Konzept das hinter dieser Technik steht ist tatsächlich die des Maßanzugs, denn vom Knie des Patienten wird eine Art »Schnittmuster« erstellt, und zwar ausgehend von einer Kernspinntomografie oder einer Computertomografie. In einem speziellen technischen Prozess werden dann die dabei gewonnenen Daten so umgewandelt, dass passend zur ermittelten

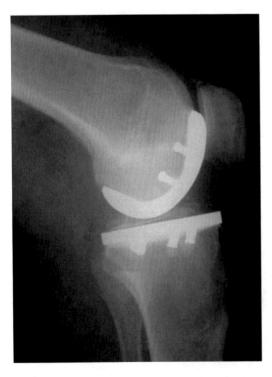

Abb. 3.6 Individualprothese IUni Fa. Conformis®

3D-Struktur des individuellen Gelenks ein in Form und Größe maßgefertigtes Implantat hergestellt werden kann. Darüber hinaus werden auf dieser Basis auch die entsprechenden Schnittlehren hergestellt, mit welchen der Orthopäde das Implantat bei der Operation exakt positionieren kann.

Diese Art der Prothese gibt es aktuell als **Unischlitten** (einseitiger Gelenkersatz) oder als **Bi-Kompartmentersatz** (innerer Gelenkspalt und Kniescheibengleitlagergelenk). Eine Doppelschlittenprothese ist in Vorbereitung und wird sicher bald von den herstellenden Firmen auf den Markt gebracht.

Man geht derzeit von der Annahme aus, dass solche individuell angepassten Implantate gegenüber den herkömmlichen Standardimplantaten folgende **Vorteile** bieten:

- Optimale Passgenauigkeit durch maßgefertigte Größe und Form
- Natürlicher Sitz und entsprechende Ausrichtung durch Planung an der individuellen knöchernen Form
- Größtmöglicher Knochenerhalt durch individuelle Planung
- Längere Platzhaltigkeit durch besonders genaue Passgenauigkeit

Besonders zur Platzhaltigkeit kann es bislang naturgemäß noch keine auf Langfriststudien basierenden Ergebnisse geben. Man wird erst in einigen Jahren sagen können, ob die angenommenen Vorteile auch tatsächlich wirksam werden und ob Prothesen diese Art tatsächlich besser sind als die herkömmlich eingesetzten Standardimplantate. Nichts desto trotz ist der Grundgedanke hinter dieser neuen Entwicklung richtig, denn – wie schon das Sprichwort sagt: »kein Ei gleicht dem anderen« und dies gilt ebenso für Kniegelenke.

Achsgeführte Knieprothese

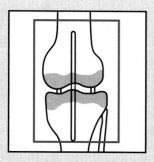

■ Abb. 3.7

Beispiel

■ **Eine 66-jährige Patientin berichtet...**

Als ich 37 war, wurde bei mir Rheuma festgestellt. Leider verlief die Krankheit sehr aggressiv und die Medikamente, die ich nehmen musste, wirkten nicht optimal. So habe ich im Verlauf der Jahre unzählige Operationen zur Entfernung der entzündeten Gelenkschleimhäute über mich ergehen lassen müssen. Nach einer Operation hatte ich dann an diesem Gelenk immer einige Jahre Ruhe, bevor die Schmerzen zurückkehrten. Die Schwerpunkte meiner Krankheit waren Hände und Schultern und die rechte Schulter war so stark in Mitleidenschaft gezogen, dass ich mir vor einigen Jahren eine Schulterprothese einsetzen lassen musste.

Weil ich »rheumamäßig« immerzu mit meinen Händen und Armen beschäftigt war, habe ich daher erst relativ spät registriert, dass mein rechtes Kniegelenk auch schmerzte und immer wieder anschwoll und auch die Tatsache, dass das betroffene Bein immer mehr zu einem X-Bein wurde, habe ich lange übersehen. Als ich dann wieder einmal zur Untersuchung bei meinem Rheumatologen war, stellte er fest, dass sich das X-Bein deutlich verstärkt hatte, auch mein Kniegelenk inzwischen vom Rheuma fast vollständig zerstört war. Mir könne nun wohl nur noch ein künstliches Kniegelenk helfen, meinte er, und er überwies mich deshalb an eine entsprechend spezialisierte orthopädische Klinik. Bei der Untersuchung dort merkte ich dann auch, dass mein Knie ziemlich wackelig war. Dies war mir vorher nie aufgefallen, da ich schon längere Zeit eine Kniebandage trug. Man sagte mir, dass an dieser Wackelsituation meine total instabilen Seitenbänder schuld seien und dass man mir – weil ich außerdem diese X-Bein-Fehlstellung hätte – nur noch mit einer achsgeführten Prothese helfen könne. Man zeigte mir so ein Modell und ich war etwas erstaunt darüber, wie groß die Prothese war. Allerdings überzeugte mich die Stabilität des Gelenks, und nachdem mir dann mein Rheumatologe auch zugeraten hat, ließ ich mir bald ein solches Gelenk einsetzen. Die Operation verlief problemlos und ich konnte bereits am zweiten Tag nach der Operation aufstehen und mit dem auch wieder geraden Bein ein paar Schritte gehen. Das war schon ein ganz neues Gefühl. Heute, 6 Monate nach der Operation, bin ich sehr zufrieden, denn ich kann wieder ohne Schmerzen spazierengehen. Nur bei Wetterumschwüngen merke ich manchmal, dass da ein künstliches Gelenk in mir drin ist.

Bei Rheumatikern ist es häufig so, dass die Erkrankung – wie im hier geschilderten Fall – in einer Region des Körpers vermehrt auftritt und dass dies oft die Hände sind. Da man diese für sehr viele Alltagsaktivitäten benötigt und sie von den Patienten selbst – aber auch von anderen – täglich gesehen werden, ist es durchaus verständlich, dass Veränderungen an den Händen früher wahrgenommen und auch früher behandelt werden, denn die schmerzhaften Bewegungseinschränkungen sind im Alltag sehr hinderlich. So ist es auch nachvollziehbar, dass die Patientin ihre Knieprobleme wegen der übrigen Schmerzen und Beschwerden und Operationen zunächst ignoriert hat. Dies hat dann aber leider bewirkt, dass aufgrund der entzündlichen Prozesse im Kniegelenk der Knorpel vollständig zerstört wurde (siehe hierzu auch Arthrose durch Rheuma).

Hätte sich die Patientin früher um ihre Kniebeschwerden gekümmert, wäre vielleicht die »kleinere Lösung« noch machbar gewesen und man hätte ihr mit einem Doppelschlitten helfen

3

können. Dies war aber deshalb nicht mehr möglich, weil auch ihre **Seitenbänder** bereits **instabil** waren, so dass nur noch eine **achsgeführte Knieprothese** in Frage kam. Das lange Ignorieren und tapfere Aushalten der Beschwerden führte also in keiner Weise zu positiven Effekten, sondern stattdessen dazu, dass nur noch die »Maximal-Lösung« möglich war. Wenn Sie selbst sich derzeit also noch in der Phase der Unentschlossenheit befinden, beachten Sie bitte auch das **Risiko** und bedenken Sie: **Zu langes Hinauszögern der Operation macht es nicht unbedingt besser!**

Die Situation, dass die natürliche Stabilität der Seitenbänder nicht mehr vorhanden ist und daher die künstliche Stabilität durch die Prothese nötig wird, kann nämlich **nicht nur bei Rheumatikern** eintreten, sondern **auch** solche **Patienten** betreffen, **die** trotz ärztlicher Empfehlung eine **Implantation zu lange hinauszögern** und deshalb ein schweres **O-Bein** oder **X-Bein** entwickeln. Darüber hinaus können die Seitenbänder auch bei solchen Patienten instabil werden, die bereits ein künstliches Kniegelenk haben, das aber nicht mehr fest sitzt. Besteht im Bereich des Gelenks ein **größerer Knochenverlust**, kann dies ebenfalls eine achsgeführte Prothese nötig machen.

Spezialisierte Orthopäden können mit differenzierten Tests sicher ermitteln, wie stabil der Bandapparat noch ist und ob bereits eine **achsgeführte, gekoppelte Prothese** implantiert

werden muss (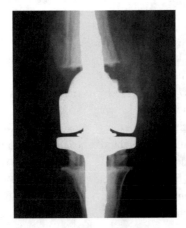 Abb. 3.7). Bei diesem Prothesentyp sind die beiden **Teile der Prothese** (die beim Doppelschlitten ohne Verbindung zueinander jeweils allein für sich auf dem Oberschenkel- bzw. Unterschenkelknochen befestigt werden) **durch ein Scharniergelenk miteinander verbunden.** Dadurch wird die Instabilität der Seitenbänder ausgeglichen und sicheres Gehen ohne »Wackelgefühle« im Knie erzielt. Die beiden Prothesenanteile müssen aufgrund ihrer Verzahnung miteinander **längere Stiele** haben als dies beim **Doppelschlitten** üblich ist. Die in den Knochen hineinragenden Stiele werden in der Regel **mit Knochenzement verankert**, um eine besonders **hohe Festigkeit** zu erreichen. Wenn die achsgeführten Knieprothesen exakt eingebracht werden, ist ihre Haltbarkeit mit der von Unischlitten und Doppelschlitten vergleichbar.

Speziell für **Patienten mit Rheuma** ist die **bessere Verankerung durch die langen Prothesenstiele** von entscheidender Bedeutung für die Haltbarkeit der Prothese, da bei ihnen aufgrund langjähriger Cortisoneinnahme oft auch eine **Osteoporose** besteht. Wegen der geringeren Einlagerung von Kalksalzen in das Knochengerüst werden die Knochen dadurch sehr weich. **Rheumatiker** sollten daher zusätzlich zu ihren Rheuma-Medikamenten immer auch **Vitamin D und Calcium** einnehmen. Der schleichenden Osteoporose kann damit entgegengewirkt werden.

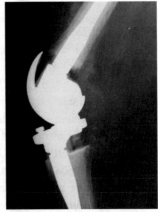

◘ Abb. 3.8 Implantierte achsgeführte Prothese. © Waldemar Link

Kniescheibengleitlagerersatz

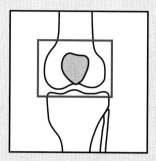

□ Abb. 3.9

Beispiel

■ **Eine 38-jährige Patientin berichtet…**

Vor 9 Jahren erlitt ich einen schweren Verkehrsunfall, bei dem ich mir neben vielen Knochenbrüchen auch eine heftige Gehirnerschütterung zugezogen habe. Die meisten Knochenbrüche konnten operativ mit Platten, Schrauben, Drähten und Nägeln wieder gerichtet werden. Leider bin ich bei dem Unfall mit meinem rechten Kniegelenk aber so heftig an das Armaturenbrett geprallt, dass meine Kniescheibe dabei mehrfach gebrochen ist. Der Unfallchirurg, der mich operierte, prognostizierte mir schon damals, dass ich dort wahrscheinlich irgendwann wieder Schmerzen bekommen würde, da er die einzelnen Teile der Kniescheibe nicht ganz lückenlos wieder zusammensetzen konnte. Er behielt Recht!

Bereits im ersten Jahr nach dem Unfall (und nachdem das meiste Metall wieder aus meinem Körper entfernt wurde) bemerkte ich bei jeder Bewegung, vor allem aber beim Treppensteigen und beim Fahrradfahren, Schmerzen direkt hinter der Kniescheibe. Außerdem hatte ich das Gefühl, als ob Sand in meinem Kniegelenk wäre, denn es knirschte oft ziemlich laut. Ich ging also zu meinem Orthopäden, der zunächst ein Röntgenbild in Auftrag gab und mir dann erklärte, dass die Kniescheibe deutliche Zeichen von Arthrose zeige, was wahrscheinlich auf den Bruch zurückzuführen sei. Die einzelnen Knochenstücke der Kniescheibe waren offensichtlich nicht optimal zusammengewachsen und hatten nach und nach den Knorpel »angekratzt«. Wahrscheinlich hätten sich außerdem Narben gebildet, die auch Schmerzen

verursachen können. Er schlug mir vor, bei einer Gelenkspiegelung die Rückfläche meiner Kniescheibe zu glätten und die Narben zu entfernen, damit die Gleiteigenschaften im Gelenk wieder besser würden.

Nach der kurze Zeit später durchgeführten Operation hatte ich tatsächlich deutlich weniger Beschwerden als vorher. Ich konnte wieder fast normal Fahrrad fahren, und nur nach längeren Touren hatte ich manchmal noch ein bisschen Schmerzen. Dies ging einige Jahre gut, doch dann kamen die Schmerzen zurück. Vor allem beim Treppensteigen und auch beim längeren Sitzen (meine übliche Arbeitsposition, den ganzen Tag am Schreibtisch) hatte ich mit den Schmerzen zu kämpfen. Ich ging also wieder zu meinem Orthopäden, der mir dann auf neu angefertigten Röntgenbildern zeigen konnte, dass der Knorpel zwischen meiner Kniescheibe und dem Oberschenkelknochen noch dünner geworden sei. Bei einer erneuten Operation wurde die Rückfläche der Kniescheibe mit kleinen Bohrungen versehen, die dazu führen sollten, dass sich dort ein Ersatzgewebe bildet. Nach der Operation wurde ich allerdings schon dahingehend vorgewarnt, dass diese Operation wahrscheinlich nur kurz eine Besserung bringen würde. Mein Kniescheibengleitlagergelenk sei schon ziemlich kaputt. Da mein Knie ansonsten jedoch noch sehr gut aussah, meinte der Orthopäde, dass er mich, falls ich wieder Schmerzen bekäme, in eine Spezialklinik schicken würde, in der man mir dieses Gelenk eventuell ersetzen könne. So kam es dann etwa 1,5 Jahre später auch, denn die Schmerzen kehrten zurück und das Knie war oft sehr warm und geschwollen. Bei der nun folgenden Operation wurde mir in der Spezialklinik ein Kniescheibengleitlagerersatz implantiert. Die Operation verlief gut, Schmerzen im Knie habe ich jetzt nur noch selten (bei größerer Belastung), aber weit weniger stark als vor der Operation. Gemütliche Touren mit dem Rad sind ohne Probleme möglich und im Büro komme ich ohne Schmerzmittel über den Tag.

Die hier beschriebene **isolierte Arthrose des Kniescheibengleitlagergelenks** ist **sehr selten**, denn häufig ist zumindest entweder der innere oder der äußere Anteil des Kniegelenks ebenfalls betroffen. Weniger selten ist die von der Patientin beschriebene Aufprallverletzung bei einem Verkehrsunfall: Die Knie prallen gegen das Armaturenbrett, wodurch es (je nach Heftigkeit des Aufpralls) zu Prellungen oder Knochenbrüchen kommen kann. Die Patientin hatte das Pech, dass bei ihrem schweren Verkehrsunfall ihre Kniescheibe nahezu vollständig zerstört wurde und eine optimale Rekonstruktion der **Trümmerfraktur** daher nicht möglich war. Nach einer solchen Verletzung bilden sich viele Narben, die Schmerzen verursachen und die Gelenkbeweglichkeit stören können. Die Gleitverhältnisse zwischen Kniescheibe und Oberschenkel verschlechtern sich, weil Kontur und Oberfläche der Kniescheibe unregelmäßig werden. Bei jeder Bewegung des Kniegelenks im Gleitlager des Oberschenkelknochens **reibt sich die Kniescheibe in den Knorpel** und verursacht dabei schleichend den Verschleiß und das Ausdünnen der Knorpelfläche. Die Unregelmäßigkeiten der Gelenkfläche führen zu einer Reizung der Gelenkschleimhaut, die vermehrt Gelenkflüssigkeit bildet. Es entsteht ein **Kniegelenkerguss** und das Knie ist dick geschwollen.

Typisch für die Arthrose des Kniescheibengleitlagergelenks ist der **Schmerz beim Fahrradfahren**. Da durch die Kurbelbewegung beim Treten der Pedale die Kniegelenke komplett gebeugt werden, gleitet die Kniescheibe – je nach Tretfrequenz bis zu über hundertmal in der Minute – am Oberschenkelknochen vorbei. Aufgrund der oben beschriebenen **schlechten Gleitverhältnisse** erklären sich die Schmerzen dabei von selbst. Dies gilt auch für die geschilderten **Schmerzen beim Treppensteigen**, weil bei diesem Bewegungsablauf noch »erschwerend« hinzukommt, dass das gesamte Körpergewicht über die Kniescheibe gehebelt wird. Besonders stark sind die **Schmerzen dann beim treppab laufen**. Folgerichtig wurde die Patientin zweimal arthroskopisch operiert. Bei der ersten Operation hatte eine Glättung des Knorpels ausgereicht, um die Unregelmäßigkeiten des Knorpels zu beheben und die Gleiteigenschaften des Kniegelenks wieder zu verbessern. Da aber der ungünstig verheilte Kniescheibenbruch als Grundursache nicht behoben werden konnte, kamen nach einiger Zeit die Schmerzen wieder, so dass die zweite Operation nötig wurde, bei der mit einer **Anbohrung** versucht wurde, die Situation am Gelenk zu verbessern. Eine **Knorpelzelltransplantation** wird in dieser Region des Knies nur sehr selten und in speziellen Fällen angewendet.

Die **Implantation eines Kniescheibengleitlagerersatzes** ist die letzte (allerdings noch selten angewendete) Möglichkeit, den Patienten in dieser Situation zu helfen (◘ Abb. 3.10). Dabei wird bei minimalem Knochenverlust das Gelenk vollständig ersetzt. Die Kniescheibe erhält auf der dem Oberschenkelknochen zugewandten Seite eine runde Fräsung in der Zone, die am stärksten belastet wird. In diese Vertiefung wird (zementiert oder zementfrei) ein rundes und gewölbtes **Metall-Polyethylen-Inlay** eingesetzt, das die Funktion der zerstörten Rückfläche der Kniescheibe übernimmt. Da in der Regel auch die Gleitfläche für die Kniescheibe am Oberschenkelknochen zerstört ist, wird dort an der entsprechenden Stelle ein **Metallschild** eingesetzt, in dem die künstliche Kniescheibenrückseite optimal gleiten kann. Diese Technik ist nicht sehr weit verbreitet, denn sie ist recht schwierig und die isolierte Arthrose der Kniescheibe tritt auch relativ selten auf.

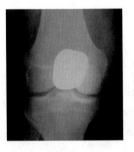 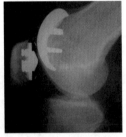

◘ **Abb. 3.10** Kniescheibengleitlagerersatz im Röntgenbild.

Revisionsprothese

Beispiel

■ **Ein 71-jähriger Patient berichtet...**

Vor 15 Jahren wurde mir am rechten Kniegelenk eine Knieprothese implantiert. Dies war nötig, da ich mir in jungen Jahren bei einem Verkehrsunfall einen Bruch des Unterschenkelkopfes zugezogen hatte. Weil ich nach diesem Unfall eigentlich immer Probleme mit meinem Knie hatte, war ich sehr froh, als ich damals endlich eine Kniegelenksprothese bekam. Ich konnte nach der Operation fast alles wieder machen, was mir Spaß machte. Nur auf das Skifahren musste ich verzichten. In den ersten Jahren nach der Implantation ging ich auch regelmäßig zu meinem Orthopäden zur »Inspektion«. Er untersuchte dann mein Knie und machte auch ein Röntgenbild, und das gab mir das sichere Gefühl, dass mit dem Gelenk alles in Ordnung war. Mein Auto bring ich schließlich auch regelmäßig in die Inspektion.

Jahrelang hatte ich keinerlei Probleme mit meinem »neuen Knie«. Allenfalls bei einem Wetterumschwung spürte ich manchmal irgendwie, dass das Gelenk nicht mein eigenes war. Vor einem halben Jahr aber hatte ich immer öfter stechende Schmerzen im Knie, und zwar am Unterschenkelkopf. Oft hörten sie auch nachts nicht auf, und ich musste oft Schmerzmittel nehmen, um irgendwie klarzukommen. Irgendwann wurde mir dann auch bewusst, dass ich meine regelmäßigen Inspektionen beim Orthopäden hatte einschlafen lassen. Ich ging also endlich wieder einmal zu ihm und nachdem er mein Knie untersucht und geröntgt

hatte, meinte er dann, dass es gut sein könne, dass sich die Prothese gelockert habe, denn dafür gäbe es Anzeichen sowohl am Unterschenkel- als auch am Oberschenkelanteil. Um ganz sicher zu gehen, schickte er mich noch zu einer Knochenszintigrafie. Dabei wurde mir zunächst ein Medikament in die Vene gespritzt und dann wurde ich mehrfach geröntgt. Insgesamt dauerte das über drei Stunden. Der Befund bestätigte den Verdacht des Orthopäden. Meine Prothese war locker.

Meine nächste Station war dann eine orthopädische Fachklinik, wo man mich nochmals genau untersuchte und mir dann den Rat gab, die Prothese auswechseln zu lassen. Das war (obwohl ich das schon geahnt hatte) zunächst ein Schock für mich. Ich hatte es zwar »im Hinterkopf« immer schon irgendwie gewusst, dass es irgendwann einmal dazu kommen würde, aber ich hatte die Gedanken daran immer gut verdrängt. Trotzdem sah ich ein, dass eine sogenannte Revisionsoperation nötig war und so ließ ich es denn auch geschehen. Der Eingriff verlief erfolgreich, allerdings tat ich mich nach der Operation ein wenig schwer, da ich doch nicht mehr der Jüngste bin. Mein Orthopäde beruhigte mich und meinte, dass es ganz normal sei, wenn nach einer solchen Wechseloperation die Rehabilitation länger dauert. Inzwischen sind 4 Monate vergangen und ich bin jetzt nahe daran, wieder all das machen zu können, was vor der Lockerung der alten Prothese möglich war. Also bin ich sehr zufrieden und froh, dass der »Austausch« so gut geklappt hat.

Die kontinuierliche Weiterentwicklung und Verbesserung der Implantate und ihrer Werkstoffe hat dazu beigetragen, dass die Kniegelenkprothesen heutzutage deutlich länger exakt dort und exakt so mit ihrem knöchernen Umfeld verbunden bleiben, wie sie einmal eingesetzt wurden. Trotzdem ist die **Auslockerung** von künstlichen Kniegelenken nach wie vor **das größte Problem** in der Endoprothetik des Kniegelenks. Zu Lockerungen kommt es deshalb, weil durch die künstlichen

Gelenkanteile trotz bester Gleiteigenschaften immer ein wenig **Abrieb** entsteht. Das heißt, dass sich mikroskopisch kleine Partikel von der Oberfläche des Implantates im Laufe der Zeit lösen, sich im Gewebe des Kniegelenks einlagern und dort eine Entzündungs- und Abwehrreaktion des Körpers bewirken. Diese **Entzündungsreaktion** spielt sich speziell **an der Grenzfläche vom Knochen zum Implantat** ab. Durch die Ansammlung von Entzündungszellen bilden sich Membranen, die sich sukzessive zwischen das Implantat und den Knochen schieben und somit im Laufe der Jahre eine Lockerung der Prothese bewirken. Die Entwicklung immer besserer Werkstoffe mit immer geringeren Abriebsmengen hat zwar dazu beigetragen, dass die Membranbildung weniger stark und später einsetzt, vollständig ausschalten lässt sich dieser Prozess bislang jedoch nicht. So muss – wenn sonst alles normal verläuft – **nach etwa 12–15 Jahren** mit einer **Lockerung der Prothese** gerechnet werden.

Mit Hilfe eines Röntgenbildes kann genau geprüft werden, ob sich am **Polyethylen-Inlay** der Prothese Abnutzungsanzeichen zeigen (❏ Abb. 3.11). Ist dies der Fall, sollte frühzeitig eine erneute Operation geplant werden, bei der dann lediglich ein neues Inlay eingebracht wird. Ein Verfahren also, das in etwa einem Reifenwechsel beim Auto entspricht: Ist das Profil abgefahren, wird der Reifen ausgewechselt.

Im hier geschilderten Fall hat die **Entzündungsreaktion an der Knochenimplantatgrenze** eine **Unterhöhlung des Knochens** bewirkt, was letztlich zu einer **Schwächung des Fundamentes** der Prothese geführt hat. Durch diese mechanische Schwachstelle lockert sich die Prothese allmählich und durch die Schwingungen, die dann im Gelenk auftreten, wird jeder Schritt schmerz-

haft. Eine Lockerung lässt sich meist im Röntgenbild erkennen. Sind die Röntgenbefunde nicht eindeutig, muss zusätzlich eine **Skelettszintigrafie** durchgeführt werden. Bei dieser Untersuchung wird ein radioaktiver Marker über die Vene in den Körper injiziert, der sich dann typischerweise dort im Körper anlagert, wo ein erhöhter Knochenstoffwechsel stattfindet. Diese Umbauvorgänge lassen sich bei der dann folgenden Röntgenuntersuchung auffinden und so kann mit hoher Treffsicherheit eine Prothesenlockerung entdeckt werden. Der radioaktive Marker wird anschließend über den Urin wieder ausgeschieden und führt dem Körper keinen Schaden zu.

Bei einer **Revisions-Operation** muss zunächst die vorhandene Prothese möglichst schonend und ohne großen Knochenverlust entfernt werden. Dazu wird die Prothese, die in der Regel nicht komplett locker ist, sondern in Teilbereichen noch fest mit dem Knochen verbunden, mit einem speziellen Instrument unterfahren und dann ausgeschlagen. Im weiteren Verlauf der Operation werden dann die Festigkeit der Knochen sowie die Stabilität der Seitenbänder überprüft. Entsprechend der festgestellten Gegebenheit wird dann eine **Revisions-Prothese** ausgewählt und optimal angepasst. In der Regel werden bei solchen Operationen **teilgekoppelte**

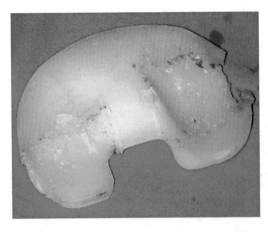

❏ **Abb. 3.11** Abgeriebenes Inlay mit Einschliffspuren auf der rechten Seite.

❏ **Abb. 3.12** Die Revisionsprothese TC3 von ©DePuy.

Prothesen verwendet. Bei diesem Prothesentyp greifen die Prothesenanteile zwar ineinander, sind jedoch nicht fest miteinander verbunden.

Das Foto zeigt die Vielzahl möglicher Prothesenelemente. Es gibt verschiedene Schäfte und Metallaugmentationen. So kann nach dem Baukastenprinzip für jede erdenkliche Situation ein individuelles Implantat zusammengestellt werden.

Um die Stabilität der Revisionsprothese noch zu verbessern, wird vor dem Einsetzen deren **Schaft verlängert**, indem man Stiele (die in unterschiedlichen Längen verfügbar sind) an die Prothesenanteile anschraubt. Damit eine optimale Haltbarkeit erzielt wird, ist in der Regel eine **Zementierung der Revisionsprothese erforderlich**.

Künstliche Kniegelenke im Überblick

Befunde	Prothesentypen / Effekte	Merkmale und Vorteile
– Knorpelschwund auf eine Seite begrenzt – Knorpel auf den übrigen Flächen intakt – Kniescheibengleitlager in Ordnung – Seitenbänder noch stabil	**Unischlitten** Schadhafte Gelenkfläche auf einer Seite des Kniegelenks wird ersetzt	– Nur sehr wenig Gelenkfläche wird abgetragen – Gute Stabilität und Belastbarkeit – Geringer Knochenverlust – Auch ohne Knochenzement möglich

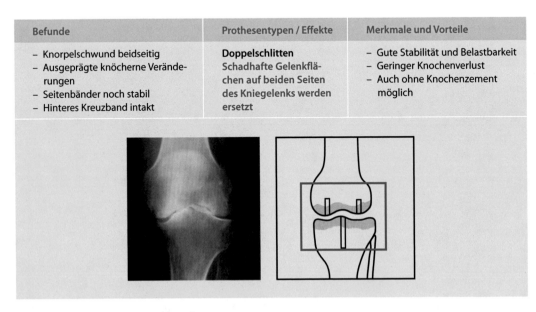

☐ **Abb. 3.13** Künstliche Kniegelenke im Überblick: Unischlitten

Befunde	Prothesentypen / Effekte	Merkmale und Vorteile
– Knorpelschwund beidseitig – Ausgeprägte knöcherne Veränderungen – Seitenbänder noch stabil – Hinteres Kreuzband intakt	**Doppelschlitten** Schadhafte Gelenkflächen auf beiden Seiten des Kniegelenks werden ersetzt	– Gute Stabilität und Belastbarkeit – Geringer Knochenverlust – Auch ohne Knochenzement möglich

☐ **Abb. 3.14** Künstliche Kniegelenke im Überblick: Doppelschlitten

Befunde	Prothesentypen / Effekte	Merkmale und Vorteile
– Knorpelschwund weit fortgeschritten – Ausgeprägte knöcherne Veränderungen – Seitliche Bänder nicht mehr stabil genug – Neue Endoprothese erforderlich (Revisions-OP)	**Achsgeführte Knieprothese** **Verbindungselemente stabilisieren Teile der Prothese; Schadhafte Gelenkflächen werden vollständig ersetzt**	– Teile der Prothese miteinander verbunden – Stiele, die in den Knochen ragen, sind verlängert – Größtmögliche Stabilität und Belastbarkeit

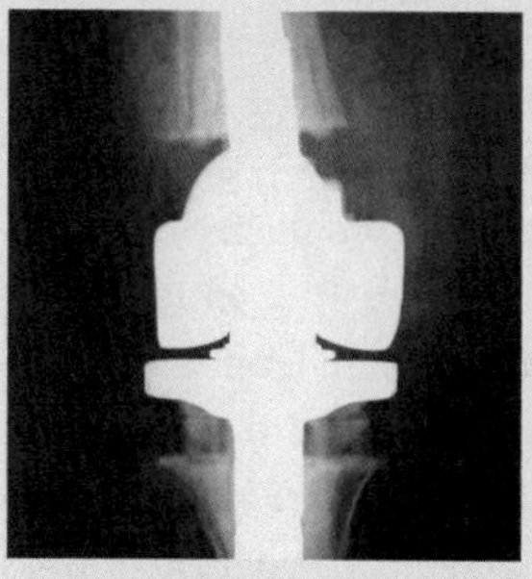
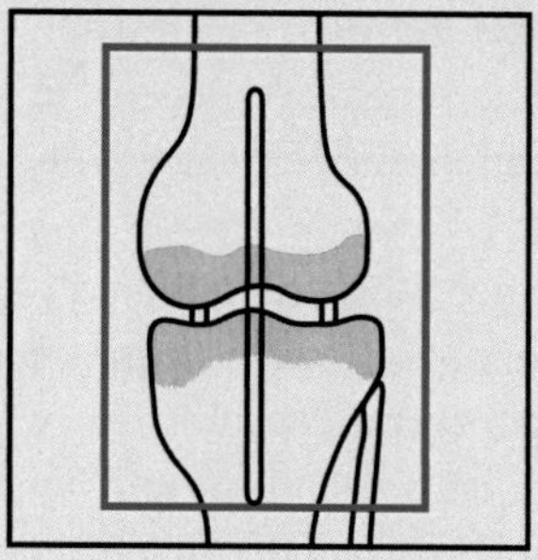

Abb. 3.15 Künstliche Kniegelenke im Überblick: Achsgeführte Knieprothese

Befunde	Prothesentypen / Effekte	Merkmale und Vorteile
– Nur das Kniescheibengleitlagergelenk ist arthrotisch verändert – Sonst kein Knorpelschwund erkennbar – Seitenbänder noch stabil – Kreuzbänder intakt	**Kniescheibengleitlagerersatz** **Rückseite der Kniescheibe und Teile der Oberschenkelfläche werden ersetzt**	– Lösung für ein seltenes Problem – Schmerzfreiheit hinter der Kniescheibe – Minimaler Knochenverlust

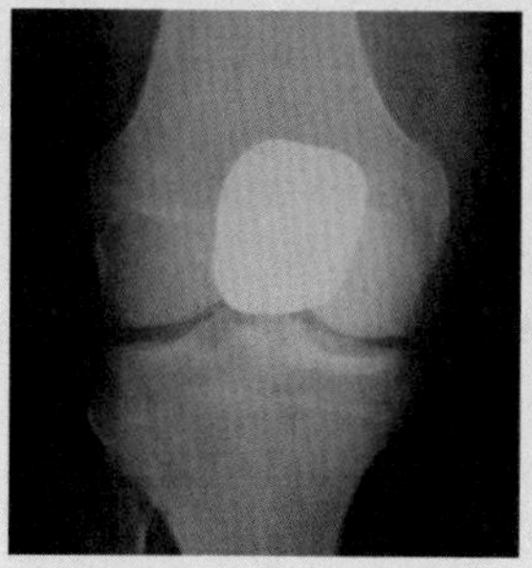
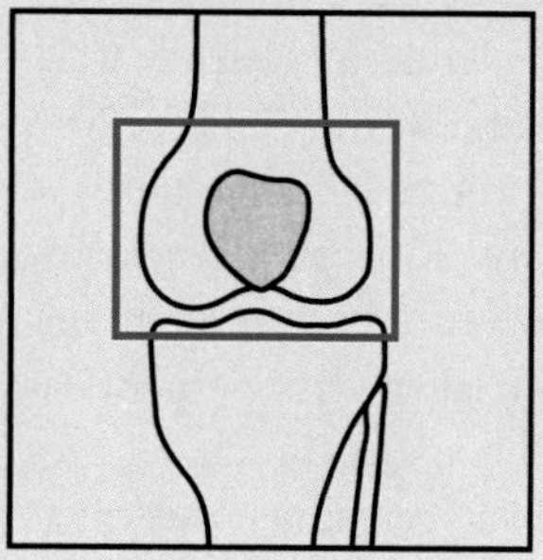

Abb. 3.16 Künstliche Kniegelenke im Überblick: Kniescheibengleitlagerersatz

Haltbarkeit ▶ Lange, doch nicht unbegrenzt

Eine der häufigsten Fragen von Patienten, die sich noch nicht endgültig für die Operation entschieden haben, ist die nach der Haltbarkeit einer Knieprothese. Gemeint ist damit aber in der Regel nicht die Haltbarkeit oder Strapazierfähigkeit der eingesetzten Materialien (und damit das Risiko des »Prothesenversagens«) sondern die Dauerhaftigkeit der Verbindung des künstlichen Gelenks mit dem natürlichen Umfeld (Ober- und Unterschenkelknochen), in das es durch die Operation eingebracht wurde, also die Platzhaltigkeit.

Das Interesse an einer möglichst verbindlichen Information dazu, ob und wann denn mit einer möglichen Auslockerung des künstlichen Gelenks zu rechnen sei, ist verständlich und berechtigt. Schließlich möchte jeder, der sich einer solchen Operation unterzieht, wissen, wie lange er danach vermutlich Ruhe haben wird. Gleichwohl kann eine verbindliche Antwort dazu nicht gegeben werden, weil die Platzhaltigkeit einer Knieprothese (wie bereits beschrieben) von vielen verschiedenen Faktoren abhängt, die sowohl mit der Ausführung zu tun haben als auch mit den individuell unterschiedlichen Gegebenheiten der einzelnen Patientinnen und Patienten. Dementsprechend sind die hier zitierten Zeitangaben Durchschnittswerte, ermittelt auf der Basis vieler Tausend implantierter Gelenke weltweit (allein in Deutschland wurden im Jahr 2010 mehr als 165.000 Knieprothesen implantiert!).

Da die Hersteller von Knieprothesen kontinuierlich die konstruktiven Elemente ihrer Implantate und deren Materialien verbessern, ist das Risiko des Prothesenversagens (Bruch der Prothese) und auch das der so genannten Auslockerung der Prothese deutlich geringer geworden. Die durchschnittliche Haltbarkeit bzw. Platzhaltigkeit konnte während der vergangenen Jahrzehnte erheblich verlängert werden. Die Dauerhaftigkeit hängt von verschiedenen Faktoren ab, wozu auch die Art und Weise der Befestigung der Prothese im Knochen gehört. Wie bereits vorab beschrieben, sind zwei Verfahren möglich, die abhängig von den individuell unterschiedlichen Gegebenheiten der Patienten angewendet werden: Das Einsetzen mit Knochenzement oder die zementfreie Implantation.

Derzeit wird davon ausgegangen, dass eine zementierte Knieprothese eine durchschnittliche Haltbarkeit/Platzhaltigkeit von 10–15 Jahren erreicht; eine zementfrei eingesetzte Prothese etwa 10 Jahre. Wenn die Bedingungen rund ums Knie allerdings nicht optimal (oder mindestens normal) sind, ist eine Verkürzung dieser Zeitspanne möglich. So kann eine verfrühte Lockerung des implantierten Kniegelenks grundsätzlich durch Überlastung herbeigeführt werden, zum Beispiel durch starkes Übergewicht. Auch die Zuckerkrankheit (Diabetes mellitus) kann – nach neuesten Erkenntnissen – dazu beitragen, dass sich eine vorzeitige Auslockerung des Kunstgelenks anbahnt, weil die Zuckerkrankheit Nerven und Blutgefäße angreift und die Erkrankung oft auch mit Übergewicht einhergeht.

Problematisch ist auch das Gelenkrheuma. Da der Körper bei dieser Erkrankung »irrtümlicherweise« u.a. die Gelenkschleimhaut als fremd und feindlich ansieht und daher versucht, sie zu bekämpfen, führt dies einerseits (wie bereits beschrieben) zur Zerstörung der Gelenke und andererseits zur Erweichung der Knochen. Dies bedeutet für die Prothese, dass ihr Fundament, in dem sie verankert ist, nicht mehr stabil genug ist und so eine Auslockerung der Prothese eher wahrscheinlich ist, als bei stabilem Knochen. Erschwerend kommt hinzu, dass Patienten, die an Gelenkrheuma leiden, oft starke Medikamente einnehmen, die das eigene Immunsystem unterdrücken. Das kann zu immer wieder auftretenden Infektionen führen, weil das unterdrückte Immunsystem dann auch die wirklichen Feinde – beispielsweise Bakterien – nicht mehr bekämpft. Im schlimmsten Fall kann es zu einer Infektion des künstlichen

Gelenks kommen, das sich dadurch lockert und dann entfernt werden muss.

Trotz der hier beschriebenen Einschränkungen können Sie davon ausgehen, dass ein künstliches Kniegelenk **in der Regel 10 Jahre Platzhaltigkeit** erreicht. Aktuelle Studien belegen, dass 95–99 Prozent der zementierten Knieprothesen 10 Jahre nach der Implantation noch exakt da sind, wo sie hingehören, stabil, nicht ausgelockert und voll funktionsfähig. Damit dies auch bei Ihnen der Fall sein wird, sollten Sie noch einige wichtige Verhaltensregeln beachten.

Verhaltensregeln für den Alltag

- Vergessen Sie nie, dass Sie eine Knieprothese tragen und seien Sie entsprechend achtsam.
- Machen Sie sich Ihre Prothese immer wieder bewusst, ohne dabei übervorsichtig zu werden.
- Sorgen Sie durch regelmäßiges Training für eine kräftige Muskulatur und gute Beweglichkeit Ihrer Gelenke.

Komplikationen ▶ Selten aber möglich

Auch wenn die Operationsverfahren heute wesentlich schonender und sicherer sind als noch vor einigen Jahren, soll nicht unerwähnt bleiben, dass es bei jeder Operation trotz entsprechender Vorsicht und Professionalität zu unerwarteten kritischen Situationen kommen kann, die weder der Operateur noch der Patient verschuldet. Daher sollten Sie auch wissen, was bei oder nach einer Kniegelenksimplantation im schlimmsten Fall passieren kann. In der Regel werden Sie dazu von den Ärzten in der Klinik, am Tag vor Ihrer Operation im **Aufklärungsgespräch** informiert.

Für alle in der folgenden Liste aufgeführten Nebenwirkungen oder Komplikationen gilt, dass sie nur sehr selten –Wahrscheinlichkeit unter 1 Prozent – auftreten.

— Aufgrund der erforderlichen Lagerung des Patienten auf dem Operationstisch kann es zu **Druckschäden** kommen. **Hautschäden** sind möglich sowohl durch die Verwendung des Desinfektionsmittels als auch durch elektrischen Strom, der zum Veröden der Blutungen eingesetzt wird.

— Trotz größter Sorgfalt können durch das Einspritzen von Medikamenten und Betäubungsmitteln **Hautrötungen, Schwellungen, Juckreiz, Übelkeit** und – in extrem seltenen Fällen – auch Atemnot und Herzrhythmusstörungen hervorgerufen werden. Theoretisch ist sogar ein lebensbedrohlicher Kreislaufschock denkbar, allerdings ist eine solch schwerwiegende Komplikation eine absolute Seltenheit.

— Bedingt durch den »Zugang« zum Kniegelenk (Schnitte durch Haut und Unterhautfettgewebe, Öffnen der Gelenkkapsel, usw.) kann es zu unbeabsichtigten **Verletzungen von Muskeln und Sehnen** kommen. Auch Blutgefäße können verletzt werden, was **stärkere Blutungen** bewir-

ken kann. Im absoluten Ausnahmefall ist dann eine Blutübertragung erforderlich, die selbst wiederum Risiken mit sich bringen kann. Diese sind jedoch dadurch minimiert, dass das Blut, das bei einer Operation verloren geht, in der Regel aufgefangen und aufbereitet wird, so dass den Patienten ihr eigenes Blut direkt wieder zugeführt werden kann.

— Auch **Nervenschädigungen** können entstehen, die dann trotz Versorgung mit einer Nervennaht zu bleibenden Schäden mit Lähmungserscheinungen des Beines führen können.

— Ist der Knochen durch Osteoporose vorgeschädigt, kann es beim Einsetzen der Prothese zum **Bruch des Knochens** kommen. Dieser muss dann mit Schrauben oder Platten wieder stabilisiert werden.

— Nach der Operation können **Nachblutungen** auftreten, wodurch sich im Einzelfall so große **Blutergüsse** bilden können, dass eine weitere Operation erforderlich wird.

— Schwerwiegende Komplikationen sind **Infektionen.** Handelt es sich um eine oberflächliche **Infektion der Haut** oder des Unterhautfettgewebes, dann ist dies in den allermeisten Fällen kein großes Problem. Sehr selten kann es aber zu einer **Infektion an der Prothese** kommen, die dann im schlimmsten Falle wieder entfernt werden muss, damit der Infekt ausheilen kann. Erst danach kann erneut eine Prothese eingesetzt werden.

— Da die Patienten innerhalb der ersten Tage nach der Operation nur eingeschränkte Gehstrecken zurücklegen können und das Bein noch schonen, besteht das Risiko, dass sich eine **Beinvenenthrombose** bildet. Dies ist eine Blutgerinnungsstörung (Verstopfung) in den Beinvenen, die theoretisch auch zu einer Verschleppung in die Lunge (Lungenembolie) führen kann, was wiederum lebensbedrohliche Kreislaufschwierigkeiten verursachen kann. Aus diesem Grund bekommen alle Patienten nach der Operation Antithrombosespritzen. Diese Prophylaxe soll das Entstehen einer Thrombose verhindern.

— Durch die Prothese kann es zu einer minimalen **Verlängerung oder Verkürzung des operierten Beines** kommen. Dies lässt sich nicht immer vermeiden. Da bei einer Implantation immer die Stabilität des Kniegelenks im Vordergrund steht, wird in seltenen Fällen eine Änderung der Beinlänge von ca. 0,5–1 cm akzeptiert. Mit einer Einlage im Schuh kann dies unauffällig ausgeglichen werden.

— Aufgrund unterschiedlicher Ursachen (mechanische Probleme oder eine späte Infektion) kann es zu einer **vorzeitigen Auslockerung der Prothese** kommen, so dass die übliche Haltbarkeit von 10–15 Jahren nicht erreicht wird.

Obwohl die **computergestützte Implantation** bei Kniegelenkimplantationen inzwischen standardmäßig angewendet wird, zeigen Studien in den verschiedensten Ländern, dass nicht alle Prothesen in jeglicher Hinsicht perfekt implantiert werden können. Dies gilt auch dann, wenn sehr erfahrene Operateure die Operationen durchführen. Unter anderem liegt das daran, dass die bei der Operation durchgeführten **Sägeschnitte** am Knochen aufgrund der individuell unterschiedlichen Knochenverhältnisse nicht immer mit der erforderlichen Präzision ausgeführt werden können. Daher ist dann später die **Position der Prothese** nicht hundertprozentig optimal. Im Verlauf der Jahre kann dies zu einer vermehrten Belastung an der Innen- oder Außenseite des künstlichen Gelenks führen, was eine verfrühte Lockerung bewirken kann. Als **optimal implantiert** gelten aus heutiger Sicht Kniegelenkprothesen dann, wenn die Belastungsachse des Beins nach der Operation im Bereich von **plus/minus 3 Grad Abweichung von der geraden Beinachse** liegt. Die Belastungsachse ist dann nach der Operation nicht ganz gerade, sondern lässt minimal noch die Form eines O- oder X-Beines erkennen. **Mit der konventionellen Operationsmethode** (also Freihand, ohne Navigation) erreichen etwa **75 Prozent** der Implantationen solch **ideale Ergebnisse**. Die übrigen 25 Prozent liegen in der Regel leicht außerhalb dieses Korridors (4–6 Grad Abweichung von der »optimalen« geraden Beinachse). Wird bei der Operation **mit Navigation** gearbeitet, gibt es nur bei 5 Prozent leichte Abweichungen und es sind **95 Prozent der Implantationen optimal**.

Medizinische Studien belegen, dass künstliche Kniegelenke dann länger an ihrem Platz bleiben, wenn sie im optimalen Rahmen (entsprechend der oben genannten Abweichung von der Belastungsachse) implantiert wurden.

Es zeigte sich, dass nach 10 Jahren
— von den optimal implantierten Prothesen 95 Prozent noch genau da waren, wo sie hingehören
— von den weniger optimal implantierten Prothesen nur noch 85 Prozent an ihrem ursprünglichen Platz waren.

Da mit Hilfe der Navigation 20 Prozent mehr optimale Operationsergebnisse erreicht werden als mit der konventionellen Methode, lässt sich hochrechnen, dass sich analog dazu auch die Platzhaltigkeit der Prothesen verbessert. Ob diese Hypothese stimmt und die so eingesetzten Prothesen tatsächlich länger am Platz bleiben, kann zum aktuellen Zeitpunkt jedoch noch nicht mit Sicherheit gesagt werden, denn die computergestützte Operation wird erst seit 7-10 Jahren routinemäßig angewendet und Langzeituntersuchungen liegen daher noch nicht vor.

Vorbehalte ▶ Wann besser nicht operiert wird

Auf die Implantation einer Prothese sollte man dann zunächst verzichten, wenn eine akute Infektion des Kniegelenks durch Bakterien festgestellt wird. Erst wenn eine solche Infektion behoben ist, kann erneut an die Operation gedacht werden. Wird diese Regel nicht beachtet und doch implantiert, kann dies zu einer schleichenden Lockerung der Prothese führen, weil sich die Bakterien typischerweise an der Prothese anlagern und dadurch eine allmähliche Lockerung bewirken.

Abwarten ist auch dann geboten, wenn eine **Infektion des Hals-, Nasen-, Rachenraumes, eine Zahnentzündung oder eine Blasenentzündung** vorliegt. Auch in diesen Fällen sollte man also zögerlich vorgehen und eine **Operation besser verschieben**, da auch bei solchen Infektionen Bakterien beteiligt sind, die sich an der Prothese ansiedeln und deren Lockerung bewirken können. Um diese Risiken von vorne herein zu minimieren, werden vor jeder Operation dieser Art genaue Untersuchungen und Bluttests durchgeführt, mit denen festgestellt werden kann, ob im Körper eine Infektion mit Bakterien vorherrscht. Aus diesem Grund müssen auch die Blutwerte, die Sie zum OP-Termin mitbringen müssen, möglichst aktuell sein, also nicht älter als wenige Tage.

In äußerst seltenen Fällen kann es manchmal besser sein, auf ein künstliches Gelenk zu verzichten!

Dies kann zum Beispiel bei sehr ausgeprägten **Fehlstellungen der Beinachse** und bei **instabilen Gelenken** der Fall sein, die mit einer schweren **Arthrose** einhergehen. Da es bei ausgeprägten Fehlstellungen meist zu einer Minderbelastung des Beines kommt, wird die Muskulatur des Kniegelenks auch nur vermindert beansprucht und dadurch mit der Zeit schwächer, so dass das Bein dann oft gar nicht mehr richtig benutzt wird. Wenn ein solch seltener Zustand bei Ihnen festgestellt wurde, wird Ihnen Ihr Arzt möglicherweise bereits zu einer **Versteifung des Gelenks** geraten haben. Es kann nämlich schlussendlich einfacher und besser für Sie sein, mit einem versteiften aber belastbaren Kniegelenk zu leben, als mit einer Knieprothese, die sich aufgrund der schwachen Muskulatur nicht ausreichend stabilisieren lässt und daher gar nicht richtig genutzt werden kann. Da Operationen, bei denen Versteifungen bewusst herbeigeführt werden, Ihr Leben erheblich beeinflussen, sollten Sie sich **ausführlich beraten lassen**, eventuell eine zweite Meinung einholen, in Ruhe entscheiden und in besonderem Maße auf die Erfahrung Ihres Arztes vertrauen.

Die Operation: Entscheidungen, Vorbereitungen, Abläufe

Im Vorfeld ▶ Kostenfragen und Wahl der Klinik

Die Implantation eines künstlichen Kniegelenks ist zum aktuellen Zeitpunkt eine Regelleistung aller Krankenkassen, unabhängig davon, ob es sich um eine gesetzliche oder eine private Krankenkasse handelt. Für alle Leistungen – also für stationären Aufenthalt und Anschlussheilbehandlung – werden von den Krankenkassen die Kosten übernommen. Gesetzlich versicherte Patienten müssen lediglich den üblichen Eigenanteil pro Tag für Krankenhausleistungen zahlen, der auch in den Rehabilitationskliniken berechnet wird. Da die Anschlussheilbehandlung aus medizinischer Sicht zwingend erforderlich ist, haben die meisten gesetzlichen Krankenkassen Kooperationsverträge mit Reha-Kliniken abgeschlossen. Das bedeutet, dass die behandelnden Ärzte bei den Krankenkassen zwar Reha-Anträge stellen, aber nicht darüber entscheiden können, in welcher Reha-Klinik die Patienten dann weiterbehandelt werden. Diese Entscheidungen treffen in der Regel die Krankenkassen. Privat Versicherte können meist selbst auswählen, in welcher Klinik sie sich weiterbehandeln lassen, aber auch sie müssen die Behandlung dort bei ihrer privaten Krankenkasse beantragen.

Wenn bei Ihnen die Implantation eines Kniegelenks geplant ist, sollten Sie sich auf jeden Fall für eine entsprechend spezialisierte Klinik entscheiden, in der diese Operationen zur Routine gehören. Wie jede andere Operation birgt auch die Kniegelenkimplantation Risiken und ist mit möglichen Nebenwirkungen verbunden, und wie für jede andere Operation gilt auch hier: Je größer die fachspezifische Erfahrung der operierenden Ärzte/des Operationsteams, umso kleiner sind die Risiken für die Patienten. Dort, wo man aus täglicher Praxis die möglichen »Gefahrenstellen« genau kennt, kann man diese auch professionell umschiffen oder wenn nötig souverän darauf reagieren.

Die Implantation eines künstlichen Kniegelenks ist eine planbare Operation, und wird normalerweise nicht als Notfalloperation durchgeführt. Viele Kliniken haben sich auf Operationen dieser Art spezialisiert und falls Ihr behandelnder Arzt nicht selbst die Operation durchführen wird, kann er Sie sicher dahingehend beraten, welche Kliniken in Ihrer Region für Sie in Frage kommen. Vereinbaren Sie dort einen Termin für ein Vorgespräch und sehen Sie sich gegebenenfalls auch eine zweite Klinik an, bevor Sie sich für die Operation anmelden. Es ist wichtig, dass Sie sich an der Klinik in jeglicher Hinsicht gut aufgehoben fühlen, damit Sie sich möglichst angstfrei auf die Operation einlassen können.

Die Zeitplanung ▶ Termine und Zeiträume

In der Regel gibt es an den Kliniken Wartelisten und je nachdem, wie viele Patienten die jeweilige Klinik zu versorgen hat, kann die Wartezeit auf einen OP-Termin zwischen 2-3 Wochen und 2-6 Monaten variieren. Für Patienten, die sehr schlimme Schmerzen haben, werden in der Regel auch kurzfristige OP-Termine ermöglicht und da gelegentlich auch bereits vereinbarte Termine wieder abgesagt werden, ergibt sich auch dadurch manchmal die Möglichkeit einer zeitnahen Operation.

Damit nach dem stationären Aufenthalt für die Operation eine zeitnahe und möglichst lückenlose physiotherapeutische Behandlung stattfinden kann, müssen Sie sich rechtzeitig – und das heißt, sobald Sie einen festen Termin für die Operation vereinbart haben – auch mit Rehakliniken und Physiotherapiepraxen in Verbindung setzen. Berichten Sie von Ihrer geplanten Operation und erkundigen Sie sich nach den Modalitäten Ihrer Weiterbehandlung dort und sprechen Sie Termine frühzeitig ab, denn auch Reha-Einrichtungen führen Terminkalender und haben Wartelisten.

Noch vor einigen Jahren war es normal, dass Patienten nach der Implantation eines künstlichen Kniegelenks drei Wochen lang in der Klinik blieben. Die Bemühungen des Gesetzgebers und der Krankenkassen um Kosteneinsparung im Gesundheitswesen haben dazu geführt, dass die für notwendig erachtete Verweildauer inzwischen bei deutlich unter zwei Wochen liegt. Nicht unbedingt zur Freude der behandelnden Ärzte und auch nicht unbedingt zum Wohl der Patienten ist heute ein **stationärer Aufenthalt von 7-11 Tagen die Regel**. Da nach so kurzer Zeit in der Klinik auf jeden Fall noch eine Betreuung und Weiterbehandlung erforderlich ist, wechseln die Patienten meist unmittelbar nach Ihrer Entlassung in eine **Rehaklinik** zur **Anschluss-Heilbehandlung**. Dort wird mit verschiedenen Methoden der Physiotherapie gearbeitet mit dem Ziel, die Patienten wieder fit zu machen für die Bewältigung ihres Alltags. Meist dauert der **Aufenthalt dort drei Wochen**, fallweise sind aber auch vier oder fünf Wochen möglich. Im Anschluss daran kann es möglich sein, dass die physiotherapeutische Behandlung noch fortgesetzt werden muss, was aber dann wohnortnah und ambulant geschehen kann.

Sie können davon ausgehen, dass Sie **zunächst etwa 8 Wochen Zeit** brauchen werden, bis Sie ihr neues Kniegelenk ohne größere Probleme nutzen können. Wie lange es dauern wird, bis Ihnen die neuen Verhältnisse in ihrem Knie völlig vertraut sind, Sie Ihr künstliches Kniegelenk nur noch unbewusst wahrnehmen und es in jeglicher Hinsicht optimal nutzen werden, ist sehr unterschiedlich und hängt von vielen Faktoren ab. Je mehr Sie jedoch selbst durch regelmäßiges Bewegungstraining für Ihr neues Knie tun, umso schneller können Sie ihm auf die Sprünge helfen.

Da einigen Patienten die benötigten Zeiträume relativ lang erscheinen und bei der Arthrose des Kniegelenks sehr häufig auch beide Kniegelenke gleichzeitig und ähnlich schwer betroffen sind, wird von »beidseitig« betroffenen Patienten häufig die Frage gestellt, ob man nicht während einer Narkose gleich beide Kniegelenke hintereinander durch künstliche ersetzen könne. **Ich rate grundsätzlich von solchen Doppeloperationen ab**, auch wenn die mögliche »Zeitersparnis« manchem Patienten verlockend erscheinen mag. Die **Belastung** des Organismus durch das beidseitige Operationsgeschehen ist **zu groß** und eine sinnvolle Durchführung der notwendigen **Physiotherapie ist nicht möglich**. Schon die Implantation von **einem** künstlichen Kniegelenk ist eine Belastung für den Organismus, die bei entsprechender Betreuung aber sehr gut zu bewältigen ist. Das Eröffnen des Gelenks und das nachfolgende Abtragen der schadhaften Knochenanteile bewirken eine **relativ starke Blutung**. Dieser Blutverlust (nicht selten 500-700ml=etwa 10 Prozent des Gesamtblutvolumens) muss vom Körper abgefangen werden und ist sehr belastend für das Kreislaufsystem. Logischerweise würde sich bei einer Doppeloperation auch der Blutverlust verdoppeln und so auch die Belastung des Kreislaufs noch weiter steigern.

Auch wenn Patienten mit einer zementierten Knieprothese nach der Theorie ihr Knie direkt nach der Operation voll belasten können, sieht dies in der Praxis doch etwas anders aus. Da sie sich an die neue Situation erst gewöhnen und mit Hilfe der Physiotherapie das Gehen erst neu lernen müssen, treten die Patienten in den ersten Tagen nach der Operation zunächst nur sehr vorsichtig auf und belasten ihr operiertes Bein nur teilweise. Wie aber sollte dies möglich sein, wenn auch das zweite Bein operiert ist und nur mit äußerster Vorsicht benutzt werden will? **Beide Kniegelenke lassen sich nicht gleichzeitig entlasten**, eine adäquate Physiotherapie wäre nicht möglich und eine gute und zeitlich überschaubare **Rehabilitation gefährdet**.

Daher gilt: Das zweite Gelenk sollte erst im Abstand von ca. 3 Monaten nach der ersten Operation eingesetzt werden. Bis dahin haben

4

sich die Patienten erfahrungsgemäß von der Operation erholt und sie können das zuerst implantierte künstliche Gelenk voll belasten.

In der Warteschleife ▶ Die Zeit sinnvoll nutzen

Da die Wartezeit auf eine Operation durchaus einige Monate betragen kann, ist es sinnvoll, diese Zeit für die eigene Vorbereitung auf die Operation zu nutzen. Operation, Klinikaufenthalt, Rehabilitation werden Ihr Leben über einen längeren Zeitraum bestimmen und darauf sollten Sie sich **einstimmen**. Darüber hinaus sollten Sie für die erste Zeit auch Ihre **häusliche Versorgung sicherstellen** und rechtzeitig planen, denn Sie werden nicht gleich alle Alltagsgeschäfte in gewohntem Umfang wieder erledigen können.

Parallel zu diesen mentalen und organisatorischen Vorbereitungen sollten Sie aber auch Ihren Körper für die Operation und die Zeit danach »fit machen«. So sollten übergewichtige Patienten sich bemühen, ihr **Gewicht zu reduzieren**, denn jedes zusätzliche Pfund muss hinterher auch vom künstlichen Gelenk getragen werden. Zudem ist durch Studien erwiesen, dass Knieprothesen bei übergewichtigen Patienten eher auslockern als bei Normalgewichtigen. Außerdem weiß man, dass die länger andauernde eingeschränkte Mobilität nach einer Knieprothesenimplantation dazu führt, dass die Muskulatur weiter rapide an Kraft verliert. Muskulatur baut sich dreimal schneller ab, als sie sich wieder aufbaut und so lässt sich aus diesem Wissen ableiten, dass es durchaus Sinn macht, jeden noch halbwegs mobilen Tag **vor der Operation** für ein **moderates Muskelaufbautraining** zu nutzen. Natürlich ist damit nicht gemeint, dass Sie trotz Schmerzen nun täglich ins Fitness-Studio laufen sollen um zu versuchen, sich Muskelpakete (ähnlich denen von Arnold Schwarzenegger) anzutrainieren. Ihr Ziel muss es vielmehr sein, Ihre Muskulatur einigermaßen in Schwung

zu halten, gezielt ein wenig aufzubauen und Ihre **Beweglichkeit zu trainieren**, um sich damit eine optimale Ausgangssituation für die Operation zu schaffen. Da meistens die Streckung des Kniegelenks eingeschränkt ist, sollten Sie in der Phase vor der Operation die hintere Gelenkkapsel dehnen. Nachts im Bett sollten Sie daher **auf die unterstützende »Knierolle« unter dem Kniegelenk verzichten**. Damit können Sie erreichen, dass während der Operation die Maßnahmen zur freien Streckbarkeit nicht so ausgedehnt sein müssen und die Operation damit schonender sein kann.

Natürlich können Übungen und Verhaltensänderungen dieser Art in der Kürze der Zeit nur kleine Erfolge bringen. Da es jedoch nach der Operation auf jeden Fall erforderlich sein wird, dass Sie Ihr Knie trainieren und in Schwung halten, sollten Sie nicht darauf verzichten. Schärfen Sie Ihre Sinne für die anstehende Operation und nutzen Sie die **Planung der Operation als Startschuss für eine konsequente »Wartung« Ihres Körpers**. Schließlich fahren Sie auch Ihr Auto regelmäßig in die Werkstatt zur Inspektion, oder?

Beim Hausarzt ▶ Vor-Untersuchungen

Da es sich bei der Implantation eines künstlichen Kniegelenks um eine hochkomplexe und schwierige Operation handelt, sind einige **Untersuchungen** vor der Operation **zwingend erforderlich**. Einige dieser Untersuchungen müssen Sie wenige Tage vor der Operation von Ihrer Hausärztin oder Ihrem Hausarzt durchführen lassen und die schriftlichen Befunde dann mit in die Klinik bringen, andere werden in der Klinik am Tag vor der Operation durchgeführt.

In Ihrer **Hausarztpraxis** wird man Ihnen **Blut abnehmen**, da für die Operationsvorbereitung die Untersuchung einer Vielzahl von Blutwerten zwingend erforderlich ist. Wichtig ist zum einen die Bestimmung der **Blutsenkung**, weil über die

Blutsenkungsgeschwindigkeit angezeigt wird, ob im Körper eine Entzündung vorliegt. Ein weiterer Laborwert, der routinemäßig ermittelt wird und anzeigt, ob eine Entzündung im Körper vorliegt, ist das **C-Reaktive Protein (CRP)**. Wenn der **CRP-Wert** nicht im Normbereich ist, sollte die Operation vorerst nicht durchgeführt werden. Dann ist durch weitere Tests zu klären, ob – und möglichst auch wo – in Ihrem Körper eine Entzündung abläuft, die dann zunächst behandelt werden muss. Ebenfalls gecheckt wird der **rote Blutfarbstoff**, weil dieser ein Maß für die Sauerstoffaufnahmefähigkeit des Blutes ist, außerdem ermittelt werden Ihre **Gerinnungswerte**, die **Elektrolytzusammensetzung** sowie die **Leber- und Nierenwerte**.

Da durch die Narkose und die Operation Ihr Kreislauf und Ihr Herz belastet werden, muss auch ein **EKG** geschrieben werden. **Eventuell müssen Sie noch eine radiologische Praxis aufsuchen, weil auch noch eine Röntgenaufnahme Ihrer Lunge** angefertigt werden muss. Dies hängt davon ab, wie alt Sie sind, und unter welchen sonstigen Erkrankungen Sie leiden.

In der Klinik ▶ Aufnahme, Aufklärung, Untersuchungen

Beispiel

▪ **Eine 67-jährige Patientin berichtet...**

Schon seit Jahren wusste ich, dass ich ein neues Kniegelenk brauche, habe mich aber um die Operation lange herumgedrückt. Ich hatte einfach immer zu viel Angst, dass irgendetwas schief gehen könnte und was ich so in Zeitschriften zu misslungenen Operationen gelesen oder auch im Fernsehen gesehen hatte, hat mich auch nicht mutiger gemacht. Vor ein paar Monaten waren die Schmerzen dann aber so unerträglich geworden, dass ich mich dazu durchgerungen habe, mir ein neues Kniegelenk einsetzen zu lassen.

Nun war es also soweit. Vor ein paar Tagen war ich bei meinem Hausarzt gewesen. Der hatte mir Blut abgenommen, ein EKG geschrieben und auch eine Röntgenaufnahme der Lunge machen lassen. Die Befunde all dieser Untersuchungen nahm ich mit und kam morgens um acht in der Klinik an. Am nächsten Tag sollte ich operiert werden. Pünktlich, wie mit dem Sekretariat der Klinik vereinbart, meldete ich mich bei der Patientenverwaltung und wurde dort »aufgenommen«. Meine Krankenkassenkarte wurde eingelesen und ich musste einige Formulare unterschreiben. Dann ging es weiter zur zentralen Patientenaufnahme. Dort fragten mich die Schwestern zunächst danach, warum ich komme und was bei mir operiert werden solle. Die von mir mitgebrachten Unterlagen meines Hausarztes gab ich bei den Schwestern ab und nach einer kurzen Wartezeit wurde ich von einem Arzt zum Vorgespräch gebeten.

Zunächst informierte mich der Arzt sehr genau über die anstehende Operation. Er wirkte sehr kompetent – was mich beruhigte – denn inzwischen bin ich doch immer nervöser geworden. Vor allem als er mich auf die möglichen Risiken und Komplikationen hinwies, bekam ich es mit der Angst zu tun. Aber der Arzt konnte mich beruhigen, indem er mir nochmals versicherte, wie selten die genannten Komplikationen auftreten im Verhältnis zu den vielen Operationen, die optimal verlaufen. Als ich mich wieder beruhigt hatte, unterschrieb ich eine Einverständniserklärung dazu, dass man die Operation bei mir durchführen solle. Nun prüfte der Arzt noch genau meine Laborwerte und mein EKG und befragte mich zu den Medikamenten, die ich regelmäßig einnehme. Dann untersuchte

4

er nochmals mein Knie aber auch meinen ganzen Körper und schließlich schickte er mich – mit einem Röntgenschein in der Hand – in die Röntgenabteilung der Klinik. Nachdem ich aus der Röntgenabteilung zurück kam, hatte ich ein Gespräch mit dem Anästhesisten. Er informierte mich sehr genau über die anstehende Narkose und empfahl mir dann, mich für eine Teilnarkose zu entscheiden. Auch bei ihm musste ich ein Aufklärungsprotokoll unterschreiben und bestätigen, welche Narkose bei mir durchgeführt werden sollte.

Nun ging ich auf die Station, wo ich von der Stationsschwester noch einmal »aufgenommen« wurde. Auch Sie stellte mir wieder ähnliche Fragen wie die, die mir der Arzt schon gestellt hatte. Dann habe ich mein Zimmer bezogen und da es mittlerweile Mittag geworden war, konnte ich zunächst in Ruhe essen. Am Nachmittag habe ich dann meinen Koffer ausgepackt und mir meinen Bereich im Zimmer eingerichtet. Kurze Zeit danach kam eine Physiotherapeutin zu mir, stellte sich vor und passte

mir die Krücken an (sie sagte »Unterarmgehstützen« dazu), die mir der Arzt verschrieben hatte. Am Abend stellte sich dann noch der Stationsarzt vor (der mich dann auch operiert hat, der mir noch einmal genau erklärte, was am nächsten Morgen auf mich zukommen würde. Er markierte mit einem dicken Filzstift das zu operierende Kniegelenk »...damit nicht das falsche Bein operiert wird«, wie er meinte. Ein Tag der ausgefüllt war mit vielen Gesprächen und Untersuchungen ging zu Ende und ich hatte fast alle Personen kennen gelernt, die mich in der nächsten Zeit täglich begleiten würden. In der Nacht konnte ich erstaunlicherweise recht gut schlafen, da ich abends eine Beruhigungstablette bekommen hatte, die offensichtlich gut wirkte. Am Morgen, unmittelbar vor der Operation, erhielt ich ebenfalls eine Tablette, die mich ein wenig von der Realität entrückte, was ich in diesem Moment auch als ganz angenehm empfand. Mit OP-Hemdchen bekleidet und mit glatt rasiertem Bein trat ich meine Reise in den Operationssaal an... .

Da es sich beim Einsetzen eines künstlichen Kniegelenks um eine **planbare Operation** handelt, werden vorab viele Aspekte genau untersucht und geklärt. Manchmal wird es Ihnen so vorkommen, als ob das eine oder andere doppelt gefragt und untersucht wird. Dies hat jedoch seine Berechtigung und entspricht den arbeitsorganisatorischen Abläufen und Zuständigkeiten in einem Krankenhaus. Wie von der Patientin beschrieben, wird zunächst immer die **Aufnahme** in der Verwaltung durchgeführt, sozusagen das »Einchecken« in die Klinik. Erst danach wird man mit Ihnen erörtern, wie die Operation durchgeführt wird, was wichtig ist und welche Narkose für Sie optimal ist und zum Einsatz kommen soll.

Operateur und Anästhesist sind dazu verpflichtet, Sie sowohl über alle häufig auftretenden Begleiterscheinungen nach der Operation zu informieren als auch **Risiken** und **seltene Komplikationen** und **Nebenwirkungen** mit Ihnen zu besprechen. Die Gespräche sollten immer am Vortag vor der Operation geführt werden. Vor diesen **Aufklärungsgesprächen** werden oft auch **schriftliche Informationsmaterialien** ausgegeben, so dass Sie sich schon vorab und allein mit den Fakten rund um ihre Operation befassen können, und sich dadurch schon manche Unklarheiten im Vorfeld des Gesprächs beseitigen lassen. Trotzdem sollten Sie **keine Scheu** haben, in den Aufklärungsgesprächen so viele **Fragen zu stellen**, bis Sie sich wirklich ausreichend informiert fühlen über das, was Sie erwartet. Eine **gute Aufklärung des Patienten ist die Pflicht eines jeden Arztes**. Sie trägt dazu bei, bei den Patienten Vertrauen aufzubauen und auch für Ihren Arzt ist es wichtig, gut aufgeklärte Patienten zu behandeln. Nur wenn Sie selbst wichtige Aspekte

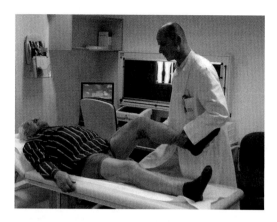

◼ Abb. 4.1 Untersuchung eines Kniegelenks in der Sprechstunde.

Ihrer Operation und der erforderlichen Nachbehandlung kennen, werden Sie auch verständig und aktiv an Ihrer Behandlung mitwirken und das trägt wesentlich zu deren Erfolg bei.

Bei der **umfassenden körperlichen Untersuchung** wird man nicht nur Ihr Kniegelenk sondern auch Ihren übrigen Körper untersuchen. Dabei wird zunächst besonders auf mögliche Hautverunreinigungen, Pilzbefall der Haut oder **offene Stellen** speziell an den Beinen geachtet, da solche offenen Stellen **Eintrittspforten für Bakterien** in den Körper sein können. Man wird Sie auch danach fragen, ob Sie z.B. eine akute Zahninfektion (Zahnschmerzen, Zahnfleischbluten) oder eine Blasenentzündung (Brennen beim Wasserlassen) haben, weil sich auch solche Infektionen, wenn sie vor der Operation unbehandelt bleiben, negativ auf das Operationsergebnis auswirken können.

Weil der Operateur schon vor der Operation die notwendige Größe der Prothese ermitteln und deren Platzierung planen muss und dazu auch die Abweichung Ihrer Beinachse ein wichtiger Wert ist, müssen in der Klinik auf jeden Fall noch einmal **Röntgenaufnahmen** Ihres Kniegelenks angefertigt werden.

In seltenen Fällen (z. B. wenn Sie an einer schweren Herzerkrankung leiden) sind noch weitere Untersuchungen erforderlich. Auch wenn es Ihnen vielleicht lästig sein mag, noch weitere Untersuchungen durchführen zu lassen, vertrauen Sie dabei auf die Fachkompetenz Ihres behandelnden Arztes. Es werden sicher keine unnötigen Untersuchungen veranlasst und alle Ergebnisse dienen schließlich dazu, die Operationsrisiken zu minimieren und ein für Sie optimales Operationsergebnis zu erzielen.

Damit das Team, das Sie behandelt, einen Einblick in Ihre gesundheitliche Gesamtsituation erhält, wird sich am Tag vor der Operation schrittweise das gesamte Behandlungsteam unter Leitung der Orthopäden bei Ihnen vorstellen. Dieser persönliche Kontakt vorab ist sehr wichtig, denn **Behandlung und sich behandeln lassen ist immer eine Frage des Vertrauens** und dazu muss man sich zunächst in möglichst angstfreier Atmosphäre begegnen. So wie das Behandlungsteam wissen muss und wissen will, mit welchen Patienten es zu tun hat, so sollen auch Sie natürlich **vorher erfahren, wer Sie operiert** und **wer Sie anschließend behandelt**. Aus diesem Grund werden Sie an Ihrem ersten Tag nicht nur von den Ärzten sondern auch von den Schwestern zu Ihrer Gesundheit befragt und Sie lernen die Physiotherapeuten kennen, deren Arbeit sehr wichtig für Ihre weitere Behandlung nach der Operation ist.

Die Narkose ▶ Methoden und Möglichkeiten

Keine Operation kann ohne eine Narkose durchgeführt werden. Welche **Art der Narkose** eingesetzt wird, ist von verschiedenen Faktoren abhängig und die Narkoseärztin/der Narkosearzt wird Sie ausführlich informieren und beraten, welche Narkose für Sie und Ihre Operation optimal ist. Die Bandbreite der Möglichkeiten ist dabei groß.

Noch vor einigen Jahren galt die **Vollnarkose** als Standard für Gelenkersatzoperationen.

4

Dabei werden die Patienten zunächst durch ein Medikament in eine Bewusstlosigkeit versetzt und dann über einen Schlauch, der über den Mund in die Luftröhre gelegt wird (Intubation), beatmet. Diese Narkose belastet den Organismus allerdings stark und sie kann fallweise Übelkeit und Unwohlsein nach der Operation bewirken. Aus diesem Grund wird die **Vollnarkose nur noch selten** angewendet und man bevorzugt stattdessen **Teilnarkosen.**

Wie die Bezeichnung schon vermuten lässt, wird bei diesen Narkoseformen nur noch der Teil des Körpers betäubt, der operiert wird. Da allerdings vielen Patienten diese Schmerzfreiheit bei vollem Bewusstsein nicht geheuer ist, kann und wird zusätzlich meist ein leichtes Schlafmittel verabreicht, so dass die Patienten von der Operation nichts mitbekommen. Es gibt verschiedene **Arten der Teilnarkose.** Bei der **Spinalanästhesie** (im Volksmund Rückenmarksnarkose/Rückenspritze genannt) wird ein Schmerzmittel **an** das Rückenmark gespritzt und nicht »in«, wie oft fälschlicherweise behauptet! (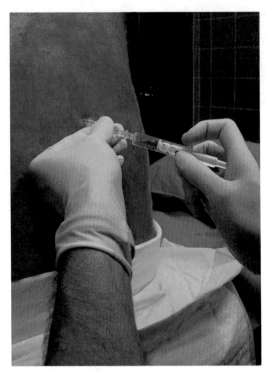 Abb. 4.2). Dies bewirkt, dass beide Beine bis hin zum Bauchnabel schmerzfrei aber auch bewegungsunfähig sind. Die Wirkung dieser Narkoseart hält je nach Medikament zwischen 4 und 8 Stunden an. Eine Weiterentwicklung dieser Narkose ist die **Hemi-Spinalanästhesie** (Halbseitennarkose), bei der auch ein Medikament an das Rückenmark gespritzt wird. Allerdings wird anschließend der Patient auf die Seite gelegt, die operiert werden soll und daher verteilt sich das Medikament nur auf dieser Seite und betäubt auch nur das eine Bein und einseitig die untere Körperhälfte bis zum Bauchnabel. Auch diese Narkose hält ca. 4-8 Stunden an, je nachdem, welches Medikament und wie viel davon gegeben wird.

Eine weitere Möglichkeit ist die **Nervenblocknarkose.** Hier wird an die großen Nerven, die das Bein mit Kraft und Gefühl versorgen, mit ganz feinen Nadeln das Narkosemittel gespritzt. Um die entsprechenden Nerven zu fin-

⊡ Abb. 4.2 Anlegen einer Spinalanästhesie (»Rückenspritze«)

den, wird über diese Nadel zunächst eine elektrische Sonde vorgeschoben, mit der der Nerv leicht zu erreichen ist. Die Eintrittsstelle für die Nadel liegt in der Regel in der Leistengegend und/oder im Bereich des großen Gesäßmuskels. Die genaue Lage legt der Narkosearzt vor der Operation je nach Eingriff fest. Der ganz niedrig dosierte elektrische Strom der Sonde stimuliert den Nerv und zeigt über (durch die Stromimpulse entstehende) Muskelzuckungen dem Narkosearzt die optimale Position für die Spitze der Nadeln, mit der dann das Narkosemittel gespritzt wird. Zusätzlich zu dieser einmaligen Gabe des Narkosemittels für die Operation kann hier auch ein kleiner Schlauch eingelegt werden, über den dann nach der Operation weitere Schmerzmittel verabreicht werden können. Ein solcher **Schmerzkatheter** wird (abhängig von der Intensität der nach der Operation auftretenden Schmerzen) in der Regel für 2-3 Tage dort belassen.

Nach der Operation erhält jede Patientin/ jeder Patient regelmäßig Schmerzmittel, individuell angepasst an das jeweilige Körpergewicht und an das Ausmaß der Operation. Zusätzlich zu dieser festgelegten »Basisrate«, die in der Regel ausreichend ist, können jedoch jederzeit noch weitere Schmerzmittel gegeben werden, denn es ist für die weitere Behandlung entscheidend, dass das Knie schmerzfrei bewegt und beübt werden kann. Meistens können die Medikamente schon nach ca. 10-14 Tagen deutlich reduziert werden und das Hineinrutschen in eine Medikamentenabhängigkeit ist nach solch kurzer Zeit nicht zu befürchten.

Operationsverfahren ▶ Implantation mit Navigation

Im Verlauf der letzten zwanzig Jahre sind die Methoden, die bei der Implantation eines künstlichen Kniegelenks angewendet werden, stetig weiter entwickelt worden. Die Qualität der Implantate wurde verbessert, ihr Variantenreichtum hat zugenommen und die bei der Operation verwendeten Instrumentarien wurden optimiert. Inzwischen werden an vielen Kliniken diese hoch standardisierten Eingriffe als Routineoperation durchgeführt. Etwa seit dem Jahr 2000 wird dabei auch die computergestützte Implantation standardmäßig angewendet. Ein Verfahren, mit dem auf den Millimeter genaue Vermessungen und Positionsberechnungen möglich sind. Um ein künstliches Kniegelenk einsetzen zu können, müssen die anatomischen Gegebenheiten im Gelenk zunächst genau ermittelt und dann verändert werden. Ausgehend von den vorhandenen Knorpelschäden und/ oder knöchernen Veränderungen müssen zum Beispiel Knorpelreste abgetragen, Menisken entfernt und Knochenflächen begradigt werden. Da Teile der Prothese immer auch in den Kno-

chen eingesetzt werden, müssen auch diese individuell unterschiedlichen Gegebenheiten genau erfasst werden, um die optimale Position der Prothese zu ermitteln, so dass sie mit hoher Passgenauigkeit eingesetzt werden kann.

Bei der Navigation werden zu Beginn der Operation zunächst die Beinachse und die individuelle Knochensituation des Patienten bestimmt. Zu diesem Zweck werden »Referenzsterne« am Ober- und Unterschenkel befestigt, das sind wichtige Markierungspunkte für die Kamera des Navigationssystems und die spätere Festlegung der Koordinaten. Anschließend werden mit einem speziellen Tastinstrument wichtige anatomische Punkte und Flächen definiert und erfasst. Sie dienen als Koordinaten für die Berechnungen des Computers, mit denen er die optimale Position der Prothese ermittelt. Die nötigen Sägeschnitte am Knochen werden grundsätzlich unter Kontrolle des Navigationsgerätes ausgeführt und jeder Sägeschnitt wird überprüft und kann ggf. korrigiert werden. Diese Kontrollfunktion verbunden mit der Präzision der Vermessung und Positionsbestimmung ist ein großer Vorteil dieser Technik gegenüber den praktizierten Verfahren ohne Navigation.

Da sich die wenigsten Menschen von einem Computer operieren lassen wollen, werden wir Ärzte oft von Patienten gefragt, ob wir denn bei dieser Technik überhaupt noch selbst »Hand anlegen« wenn der Computer doch die Arbeit übernimmt. Wenn auch Ihnen beim Lesen schon diese Frage im Kopf herum gegangen ist, kann ich Sie beruhigen. Wir Ärzte operieren und die Navigation hilft uns dabei (❑ Abb. 4.3).

Mit der computergestützten Implantation am Kniegelenk verhält es sich ähnlich wie mit der GPS-Navigation im Auto. Wenn man von A nach B fahren möchte, dann gibt man dies in das Navigationsgerät ein und es berechnet je nach Voreinstellung die schnellste, kürzeste oder schönste Route. Trotzdem fährt man das

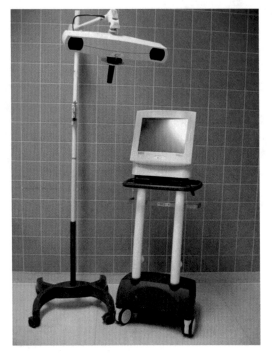

◻ Abb. 4.3 Navigationsgerät mit Rechnereinheit und Infrarotkamera. © BrainLAB

Auto aber immer noch selbst, und wenn man vom angezeigten Weg abweicht, kann der Navigationscomputer nicht aktiv eingreifen, er macht jedoch auf Richtungsfehler aufmerksam. Man kann also jederzeit die Route ändern, wenn man aufgrund von Erfahrung und Ortskenntnis der Meinung ist, dass es eine bessere Fahrstrecke gibt.

Gleiches gilt für die Navigation am Kniegelenk. Die Ärzte operieren, nutzen dabei Ihre gesamte Erfahrung und all ihre Fähigkeiten und können jederzeit von der durch den Computer vorausberechneten Richtung abweichen. Dennoch ist die **Technik der Navigation eine große Hilfe** und hat zu einer enormen Steigerung der Präzision geführt. Die Erfahrung zeigt, dass 90–95 Prozent aller mit Hilfe der Navigation implantierten künstlichen Kniegelenke optimal positioniert sind. Daher hat sich die computerunterstützte Technik am Kniegelenk mittler-

weile an vielen Zentren im Rahmen standardisierter Operationsverfahren durchgesetzt.

Im Gegensatz dazu hat sich das **Verfahren der robotergestützten Operation** als weniger ideal herausgestellt, als in seiner Anfangsphase gedacht. Prinzipiell macht die Idee zwar durchaus Sinn, die Vorbereitung des knöchernen Lagers (also das Fundament im Knochen, das den Schaft der Prothese aufnimmt) einer hochpräzise arbeitenden Maschine zu überlassen. Kein Mensch kann so genau arbeiten wie ein Fräsroboter. Leider hat sich aber herausgestellt, dass diese **Roboter** zwar einerseits sehr genau fräsen können aber andererseits mit Fehlerquellen behaftet sind, so dass sie inzwischen – trotz anfänglicher Euphorie – **nicht mehr zum Einsatz kommen.** Dies auch deshalb, weil die Vorbereitung für eine robotergestützte Operation sehr aufwendig und mit zusätzlichen Risiken vergesellschaftet war, so dass man dieses Feld recht schnell wieder verlassen hat. Allerdings wird weiter auf diesem Gebiet der Medizintechnik geforscht und möglicherweise werden in Zukunft kleinere Fräsroboter mit der Navigation gekoppelt, um die Genauigkeit bei der Platzierung der Prothesen noch weiter erhöhen zu können.

Die Operation ▶ Ablauf und Dauer

Bei einem **standardisierten Operationsverfahren** sind Art und Abfolge der meisten Arbeitsschritte ähnlich oder identisch. Auch wenn es bei der Implantation eines Kniegelenks Unterschiede gibt, die mit dem jeweils verwendeten Prothesentyp zusammenhängen, ist doch die grundsätzliche Herangehensweise immer dieselbe.

— Die Patienten werden auf dem Rücken liegend möglichst bequem auf dem OP-Tisch gelagert, da während der Operation kein Lagerungswechsel möglich ist. Am Oberschenkel wird mit Hilfe einer Blutdruckmanschette eine Blutsperre angelegt. Dies ist nötig, um das Operationsfeld während der Operation von starken Blutungen freizuhalten.

- Unterhalb der Blutsperre wird das Bein mit Desinfektionsmittel steril abgewaschen und mit sterilen Tüchern so abgedeckt, dass nur noch das Operationsfeld frei bleibt.
- Mit einem etwa 12-18 cm langen Schnitt wird die Haut über dem Kniegelenk eröffnet. Der Schnitt wird so ausgeführt, dass er – wie die Bügelfalte einer Hose – senkrecht direkt über der Kniescheibe verläuft. Mit einem zweiten Schnitt wird dann das Unterhautfettgewebe durchtrennt. Auftretende Blutungen werden sofort gestillt.
- Der Schleimbeutel, der meist direkt über der Kniescheibe liegt, ist sichtbar. Da er in der Regel entzündet ist, wird er entfernt.
- Die nun sichtbare Gelenkkapsel wird eröffnet und die Kniescheibe kann beiseite geklappt werden. Die (meist entzündlich veränderte) Schleimhaut in der Gelenkkapsel wird entfernt.
- Die Kniescheibe wird so zurechtgesägt, dass sie optimal in der dafür vorgesehenen Rinne des Oberschenkelanteils laufen kann.
- Um zu verhindern, dass die Kniescheibe nach der Operation Schmerzen verursacht, werden die Nerven verödet, die zur Kniescheibe führen.
- Das vordere Kreuzband wird entfernt, da es bei einer Knieprothese nicht mehr erforderlich ist. Das hintere Kreuzband bleibt bestehen.
- Am Oberschenkelknochen werden nun anatomisch wichtige Punkte bestimmt. Mit einer Schablone wird die notwendige Prothesengröße für das jeweilige Kniegelenk noch einmal bestimmt und mit der Vorabplanung der Prothesengröße an den Röntgenbildern verglichen.
- Ist die Größe festgelegt, werden die entsprechenden Instrumentarien am Knochen befestigt, um die ersten Sägeschnitte auszuführen. Dabei wird vor jedem Sägeschnitt die

Lage der Schablone überprüft, damit keine falschen Schnitte angelegt werden und nur die vorab bestimmten Teile des Knochens entfernt werden. Nach jedem Schnitt wird überprüft, ob dessen Ergebnis optimal ist.

- Am Unterschenkel wird nun ebenfalls zunächst eine genaue Größenbestimmung durchgeführt (damit das Implantat später optimal sitzt). Dann wird die Sägelehre am Knochen angesetzt und fixiert.
- Nach einer genauen Überprüfung der Lage werden die Sägeschnitte geführt, mit denen der notwendige Teil des Unterschenkelknochens abgetragen wird.
- Die Reste der Menisken werden entfernt sowie überschüssige Knochenanteile, vor allem im Bereich der Kniekehle.
- Um zu prüfen, ob die Seitenbänder und das hintere Kreuzband eine ausreichende Stabilität des Kniegelenks in Streckung und Beugung gewährleisten, wird eine **Probierprothese** eingesetzt. Sollte sich dabei noch eine geringe Instabilität herausstellen und die Passgenauigkeit nicht ausreichend sein, wird dies durch Bearbeitung der Seitenbänder und auch der Gelenkkapsel ausgeglichen.
- Sobald die Probierprothese optimal passt und das Gelenk in allen Bereichen stabil ist, wird sie wieder entfernt und das Knochenlager ausgiebig gespült. Dies befreit die filigrane Struktur des Knochenmarks von Blut und Sägespänen und schafft optimale Voraussetzungen dafür, dass sich der Knochenzement möglichst gut mit dem Knochen verbindet.
- Der Knochenzement wird vorbereitet und auf die Knochenflächen und die **Originalprothese** aufgebracht, die dann schnellstmöglich implantiert wird, weil der Zement rasch aushärtet.
- Wenn die Prothese eingesetzt ist, wird überschüssiger Zement vorsichtig entfernt. Damit keine Zement- und Knochenreste im Gelenk verbleiben, wird dies erneut gespült.

4

- Nach einer Wartezeit von etwa 15 Minuten ist der Zement ausgehärtet. Die Blutsperre wird eröffnet und alle sichtbaren Blutungen werden gestillt.
- Eine Drainage wird direkt an die Prothese gelegt und die Gelenkkapsel wird verschlossen. Eine zweite Drainage wird im Unterhautfettgewebe platziert, bevor dies ebenfalls verschlossen wird. Schließlich wird auch der Hautschnitt zugenäht oder geklammert und es wird ein Verband angelegt, der das gesamte Bein umschließt.
- Noch im Operationssaal wird ein Röntgenbild des Knies mit der eingesetzten Prothese angefertigt. Dann wird der Patient/die Patientin in den Aufwachraum gebracht.

Abhängig von der Erfahrung des Operateurs und dem Grad der Arthrose beträgt die reine Operationszeit durchschnittlich zwischen 50 und 75 Minuten. Bei schweren Arthrosen kann die Operation durchaus auch 90 Minuten und länger dauern und auch unvorhergesehene Situationen können die Operationszeit deutlich verlängern. Zusätzlich zur reinen Operationszeit addieren sich noch die Vorbereitungen für die Narkose, die in der Regel zwischen 15 und 30 Minuten dauern, sowie die Nachbereitung der Operation mit Verband, Röntgen und Verlegung des Patienten in den Aufwachraum, die mit circa 30-45 Minuten zu Buche schlagen. Somit summiert sich die **Gesamtzeit für eine Operation** auf ungefähr **100-160 Minuten**.

Nach der Operation

Beispiel

- **Eine 63-jährige Patientin berichtet...**

Von der Operation habe ich nicht viel mitbekommen, da ich während der gesamten Zeit schlief. Irgendwann hörte ich die sanfte Stimme des Narkosearztes, die mich ins Hier und Jetzt zurückholte und mir sagte, dass die Operation erfolgreich verlaufen und nun zu Ende sei. In diesem Moment fielen mir einige Steine vom Herzen. Ich spürte mein operiertes Bein noch gar nicht, merkte aber, dass ich noch im Operationssaal war und dass man mir einen Verband anlegte. Ich sah nur grün gekleidete Menschen, die alle eine Haube und einen Mundschutz trugen. Den Oberarzt, der mich am Abend vorher noch besucht hatte, erkannte ich an seinen blauen Augen. Er kam dann auch zu mir und bestätigte mir den erfolgreichen Ablauf der Operation. Und er sagte mir auch, dass es für das Gelenk wirklich höchste Zeit gewesen sei und die Operation sich sicher gelohnt habe. Bevor man mich samt Tisch, auf dem ich lag, aus dem Operationssaal hinaus zur Schleuse fuhr, wurde mit einem fahrbaren Röntgengerät noch ein Röntgenbild von meinem Knie gemacht. Dann nahm mich auf der anderen Seite der Schleuse die Stationsschwester in Empfang. Mit Hilfe einer fahrbaren Hebevorrichtung wurde ich ohne Probleme vom OP-Tisch wieder in mein Bett zurücktransportiert und erhielt dort als erstes eine Schiene, in die mein Bein hinein gelegt wurde. Dann wurde eine angenehm warme Decke über mich ausgebreitet und ich wurde in den Aufwachraum geschoben, in dem schon einige andere Patienten lagen. Der Raum bot Platz für ungefähr 15 Betten, aber da die Stellplätze durch Paravents voneinander abgetrennt waren, hatte man doch etwas Privatsphäre. Allerdings herrschte in diesem Raum eine gewisse Geschäftigkeit, da einige Pflegerinnen und Pfleger aus der Anästhesie sich dort um die Patienten kümmerten. Auch mit mir war man gleich beschäftigt, denn ich wurde wieder an ein EKG und an das Blutdruckmessgerät angeschlossen, so dass diese Informationen auf einem Monitor neben meinem Bett abzulesen waren. Es stellte sich ein Pfleger vor, der offensichtlich für mich verantwortlich war. Er fragte mich als erstes, ob ich Schmerzen hätte und bat mich, ihm dies sofort zu sagen, damit er darauf gleich reagieren könnte. Da ich noch keine Schmerzen hatte aber Durst, fragte ich ihn, wann ich wieder trinken könnte. Leider müsse ich darauf noch ungefähr 6 Stunden warten, erklärte er mir und dann bin ich erst einmal wieder eingeschlafen. Als ich aufwachte, war es draußen schon dunkel, aber ich war immer noch im Aufwachraum.

Nun spürte ich ziemlich starke Schmerzen im Knie und klingelte nach dem Pfleger. Der kam dann auch sofort und spritzte ein Medikament in den Zugang der Infusion. Das intravenös verabreichte Schmerzmittel wirkte schnell und nach ca. 10 Minuten waren die Schmerzen deutlich zurückgegangen. Dann wurde auch mein Durst

mit Tee gelöscht, den ich ohne Probleme trinken konnte. Nachdem ich den Tee gut vertragen hatte, bot mir der Pfleger auch etwas zu essen an, aber ich hatte noch gar keinen Appetit. Später kam dann noch einmal der Oberarzt, der mich operiert hatte, zu mir und überprüfte, ob ich mein Bein schon bewegen konnte. Außerdem erklärte er mir erneut, wie die Operation verlaufen sei. Da mein Blutdruck ein wenig verrücktspielte und recht hoch war, wurde mir mehrfach ein Medikament verabreicht, das den Blutdruck ein wenig senkte. Daher erklärte mir der Anästhesist, der auch noch mal nach mir sah, dass es besser wäre, wenn ich die Nacht über im Aufwachraum bliebe. Dort könne man mich besser überwachen und auch schneller auf die Schmerzen reagieren. Ich blieb also dort, erhielt später noch mal ein Schmerzmittel und schlief dann recht gut. Am Morgen wachte ich erholt auf und hatte kaum Schmerzen.

Es ist die Regel, dass auch die Patienten, die (wie im hier beschriebenen Fall) nur eine **Teilnarkose** oder eine Rückenmarksnarkose erhalten, während der Operation und frühestens beim Anlegen des Verbandes wieder allmählich wach werden. Diese Patienten erhalten nämlich **zusätzlich ein Schlafmittel**, damit sie die (für Laien befremdliche und auch beängstigende) Geräuschkulisse im Operationssaal nicht mitbekommen. Für das Operationsteam hat dies zugleich den Vorteil, dass (aus Angst ausgeführte) reflexartige, unkontrollierte Bewegungen der Patienten in Teilnarkose durch den Schlaf verhindert werden, **weil die Patienten während der Operation absolut ruhig liegen müssen**, was bei Patienten in Vollnarkose automatisch der Fall ist. Da die Narkose- bzw. Schlafmittel eine gewisse **Nachwirkdauer** haben, ist es ganz normal, dass die Patienten in den ersten Stunden nach der Operation zwar im Prinzip schon wach aber doch noch nicht »ganz da« sind. Trotzdem werden sie bereits zu Beginn der Aufwachphase angesprochen, denn es ist wichtig, den Patienten in ihrer zunächst noch recht orientierungslosen Verfassung und in fremder Umgebung mitzuteilen, wo sie sich befinden, dass ihre Operation bereits vorüber ist und was in den nächsten Minuten mit ihnen geschieht. Sind alle Nachbereitungen der Operation (Verband, Röntgen) abgeschlossen und die Patienten ansprechbar, treten sie ihre Reise vom OP in den **Aufwachraum** an.

Die ersten Stunden

Auch wenn die frisch Operierten zu diesem Zeitpunkt die Realität noch nicht vollständig und im Detail wahrnehmen, weil die Narkose- oder Schlafmittel noch nachwirken, sind die ersten Stunden nach der Operation für die Patienten besonders belastend. Besonders stark ist der

4

Körper dann gefordert, wenn es außerdem parallel bestehende Erkrankungen gibt (z. B. Bluthochdruck, Herzrhythmusstörungen, Zuckerkrankheit), was bei älteren Patienten häufiger der Fall ist. So werden in der Aufwach-Phase die **Herz-Kreislauffunktionen kontinuierlich überprüft.** Die Übertragung der Messwerte auf die Kontrollmonitore verbunden mit entsprechenden optischen und akustischen Signalen ist eine große Hilfe für das Pflegepersonal, weil Unregelmäßigkeiten sofort registriert werden und dadurch ein schnelles Eingreifen möglich ist. Diese kontinuierliche Kontrolle dient also der Sicherheit der Patienten, auch wenn manche von ihnen die »Verkabelung« als etwas befremdlich empfinden. Im **Aufwachraum** sind die Bedingungen für diese **engmaschige Überwachung** besonders gut, weil dort die medizintechnische Ausstattung eine andere ist als auf den Patientenzimmern und weil dort in der Regel mit hohem Personaleinsatz gearbeitet wird (eine Pflegerin oder ein Pfleger betreut maximal 4-5 Patienten). So ist dort auch ein schnelles und effektives **Reagieren auf Schmerzsituationen** möglich, da diese regelmäßig vom Pflegepersonal abgefragt werden und auch die Möglichkeiten der Schmerztherapie im Aufwachraum besser sind als auf der Station. Aus diesen Gründen verbringen die allermeisten Patienten die erste Nacht nach der Operation im Aufwachraum, bei einigen Patienten kann die Verlegung auf die Station jedoch auch schon einige Stunden nach der Operation erfolgen. Die Entscheidung, wann die Verlegung angebracht ist, treffen die Narkoseärzte. Während ihres Aufenthaltes im Aufwachraum wird der Operateur noch einmal nach seiner Patientin oder seinem Patienten sehen und dabei auch über den Verlauf der Operation und eventuelle Besonderheiten informieren. Sofern die Patienten gut zurechtkommen und alles problemlos verläuft, können Sie meist 6 Stunden nach der Operation wieder etwas trinken und, wenn dies gut vertragen wurde, dürfen sie dann auch etwas essen. Im **Einzelfall** kann es notwendig sein, dass die Patientin oder der Patient nach der Operation einige Zeit zur **Überwachung auf der Intensivstation** betreut wird, und zwar dann, wenn schwerwiegende Parallel-Erkrankungen vorliegen. Da sich solche Situationen meist vorher abschätzen lassen, werden die Patienten schon vor der Operation auf diese »Zwischenstation« vorbereitet, damit sie sich in der technikdominierten Umgebung nicht überrascht wiederfinden und unnötig ängstigen.

Der erste Besuch

Es gibt Patienten, die sich bereits kurz nach ihrer Operation wieder fit wie ein Turnschuh fühlen und so bald als möglich auch Besuch von Verwandten und Freunden haben möchten. Der Zeitpunkt dafür sollte jedoch von Besuchern und Besuchten mit Bedacht gewählt werden und **von allzu frühen** (auch wohlgemeinten) **Besuchen ist** aus mehreren Gründen **abzuraten.**

Da die Implantation eines künstlichen Kniegelenks eine starke Belastung für den Organismus darstellt, sind die meisten Patienten ohnehin speziell in den ersten Stunden nach der Operation noch schwach und oft von Schmerzen geplagt, so dass sie **durch Besuch zusätzlich belastet** werden und meist auch gar nicht adäquat auf ihn eingehen können. Engste Angehörige haben natürlich (einzeln) auch bald nach dem Aufwachen der frisch Operierten die Möglichkeit, kurz nach ihnen zu sehen. Dauerbesuche aber verbieten sich zu diesem Zeitpunkt und auch noch innerhalb der ersten Tage. Die Belastung ist einfach zu groß, und die Angehörigen sollten darauf Rücksicht nehmen und stattdessen die Möglichkeit nutzen, sich im Aufwachraum (oder später auf der Station) telefonisch nach dem Befinden der Patientin oder des Patienten zu erkundigen. Sicherlich werden die Besuchsregelungen von Klinik zu Klinik unterschiedlich gehandhabt, meine Empfehlung lautet jedoch: **Innerhalb der ersten 4-5 Tage Besuch nur von** den engsten Angehörigen. Dies auch deshalb, weil die Besucher nicht nur Blumen und Geschenke mitbringen sondern als unerwünschte Mitbringsel auch Bakterien von außerhalb, die an ihrer Kleidung haften. Da frisch operierte Patienten in den ersten Tagen nach der Operation noch eine eingeschränkte Körperabwehr haben, ist das Risiko groß, dass sie sich auf diese Weise infizieren könnten. Der Freundeskreis sollte sich daher mit Besuchen gedulden und erst dann in die Klinik kommen, wenn die Patienten tatsächlich auf den Beinen sind.

Die ersten Bewegungen

»Beweglichkeit kommt von Bewegung« und daher wird mit der physiotherapeutischen Behandlung schon am ersten Tag nach der Operation begonnen. Der Physiotherapie kommt in dieser Phase der Behandlung ein enorm hoher Stellenwert zu, denn während die behandelnden Ärzte nun zwar noch den Fortschritt der Behandlung und das Abheilen der Wunde kontrollieren, sind nun die Physiotherapeutinnen und -therapeuten diejenigen, die (unter ärztlicher Aufsicht und nach ärztlicher Anordnung) täglich mit den Patienten daran arbeiten, das Bein und das Kniegelenk wieder zur Beweglichkeit zurückzubringen. In der ersten Zeit nach der Operation sind dies zunächst kleine, vorsichtige und »geführte« Bewegungen, bei denen die Patien-

ten noch keine Kraft aufbringen müssen, weil das Kniegelenk von der Therapeutin oder dem Therapeuten gehalten und dosiert bewegt wird. Zweck dieser Früh-Mobilisation ist es, Verklebungen und Narbenbildung der Gelenkkapsel, die zu einer Bewegungseinschränkung führen können, zu verhindern und den Aktionsradius der Patienten so schnell als möglich zu erweitern. Zusätzlich zu diesen Übungen wird auch mit der Motorschiene gearbeitet (◘ Abb. 4.4).

Mit der Motorschiene wird das passive Beugen und Strecken des Kniegelenks gesteuert. Auf diese Weise werden die Patienten bis zu dreimal am Tag be-übt. In den ersten Tagen nach der Operation geschieht dies in nur kurzen Zeiteinheiten, später kann die Übungsdauer auf bis zu 45 Minuten je Intervall ausgedehnt werden.

Im weiteren Verlauf der Behandlung werden die geführten Bewegungen mehr und mehr ergänzt durch aktive Bewegungsübungen und dosierte Kraftübungen, die die Patienten mit Unterstützung der Physiotherapeuten im täglichen Turnus ausführen müssen. Ergänzend dazu können die Patienten mit einfachen Übungen ihr Kniegelenk selbst trainieren. Dabei sollte darauf geachtet werden, dass alle Übungen entlang der Schmerzgrenze ausgeführt werden, auf keinen Fall darüber hinaus. Eine leichte Spannung darf zu spüren sein und auch ein geringer Schmerz, jedoch niemals stechende Schmerzen.

An der Bettkante so sitzend, dass das operierte Bein durch die Schwerkraft nach un-

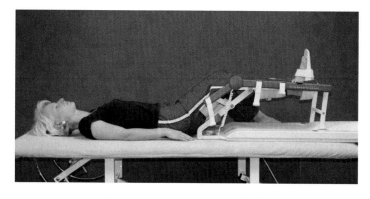

◘ Abb. 4.4 Patientin mit Motorschiene

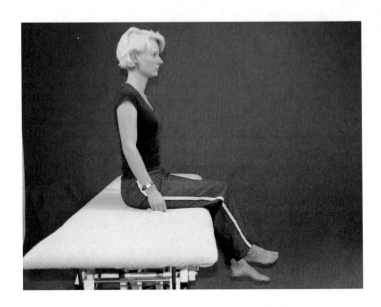

◘ **Abb. 4.5** Beugung

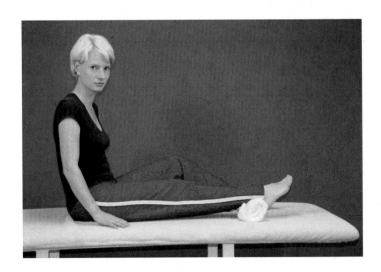

◘ **Abb. 4.6** Streckung

ten gezogen einfach herunterhängt, wird die **Beugefähigkeit des Kniegelenks** verbessert. Zusätzlich kann das gesunde Bein über das operierte geschlagen und mit sanftem Druck versucht werden, die Beugung zu verstärken (◘ Abb. 4.5).

Auf dem Bett liegend und dabei versuchen, die Kniekehle auf die Unterlage zu drücken, wird die **Streckung des Kniegelenks** verbes-

sert. Noch wirksamer ist dies, wenn ein zusammen gerolltes Handtuch unter die Ferse gelegt wird und die Kniekehle frei schwebt. Außerdem kann zusätzlich mit einer Hand oder mit beiden Händen noch Druck auf den Bereich oberhalb der Kniescheibe gebracht werden, wodurch ein leichtes Spannungsgefühl in der Kniekehle spürbar wird, da dort Gelenkkapsel und Muskulatur gedehnt werden (◘ Abb. 4.6).

Die ersten Tage ▶ Medikamente, Hilfsmittel, Mobilisation

In den ersten Tagen und Wochen nach der Operation sind prinzipiell **zwei Medikamente** wichtig. Eines **gegen Schmerzen** und parallel dazu ein weiteres, um eine **Beinvenenthrombose** zu **verhindern**. Schmerzen nach einer Operation, speziell nach einer an Gelenken sind normal. Es ist äußerst selten, dass Patienten danach keine Schmerzen verspüren, denn sie haben einen großen Eingriff hinter sich gebracht und der Wundheilungsprozess dauert seine Zeit. Aber, **Sie brauchen vor diesen Schmerzen keine Angst zu haben, denn sie lassen sich gut durch entsprechende Medikamente reduzieren.** Vergessen Sie also Ihre Vorbehalte und Sprüche wie »Ich halte gar nichts von Tabletten.« oder »Ich nehme Schmerzmittel nur dann, wenn es gar nicht mehr anders geht.« Wenn Sie Letzteres tatsächlich in die Tat umsetzen, tun Sie sich keinen Gefallen. Im Gegenteil, Sie schaden sich selbst und gefährden Ihre Therapie. **Schmerzmittel sind nach solchen Eingriffen von wichtiger Bedeutung, denn eine gute Schmerzreduktion ist Voraussetzung für die Physiotherapie**, mit der bereits kurz nach der Operation begonnen wird. Nur ohne oder mit nur geringen Schmerzen können die Patienten mobilisiert werden und die Beweglichkeit ihres neuen Kniegelenks vernünftig üben. Mit schlimmen Schmerzen wird das operierte Bein eher geschont und Bewegungen werden vermieden, so dass physiotherapeutische Bemühungen dann schnell an Grenzen stoßen. Fallweise ist es auch so, dass sich an dem Ausmaß der Beweglichkeit, das innerhalb der ersten 2–4 Wochen nach der Operation zurück erlangt wird, nichts mehr ändert. Würde bereits die Möglichkeit, dieses Bewegungsausmaß zu erreichen, durch Schmerzen minimiert, würde der Erfolg der Operation auf einem vermeidbar niedrigen Niveau »hängen bleiben« und dies wäre schade.

Ein weiterer, sehr wichtiger Aspekt, der für die Einnahme von Schmerzmitteln spricht, ist das **Schmerzgedächtnis**. Wenn Schmerzen nicht adäquat mit Tabletten oder Infusionen behandelt werden, kann es sein, dass sie sich im so genannten Schmerzgedächtnis der Patienten festsetzen und von dort nicht mehr zu eliminieren sind. **Die Schmerzen können dann chronisch werden.** Dabei spielt das Schmerzgedächtnis eine wichtige Rolle: Die sensiblen Nervenzellen sind genauso lernfähig wie das Großhirn und wenn sie immer wieder Schmerzimpulsen ausgesetzt sind, weil Schmerzen nicht behandelt werden, verändern sie ihre Aktivität. Wenn das geschehen ist, reicht dann schon ein leichter, sensibler Reiz, wie eine Berührung, wie Wärme oder Dehnung aus, um als Schmerz registriert und empfunden zu werden und aus dem akuten Schmerz ist ein chronischer Schmerz geworden. Das bedeutet: **Obwohl der eigentliche und ursprüngliche Auslöser fehlt, bleibt der Schmerz.** Aus diesem Grund empfehlen einige Schmerzspezialisten, **bereits vor der Operation Schmerzmedikamente** einzunehmen. Studien dazu belegen, dass dann auch der Schmerz nach der Operation weniger stark auftritt. **Sie sollten also auf Schmerzmittel nicht verzichten!** Ärztlich verordnet, individuell abgestimmt auf die Intensität Ihrer Schmerzen, im Zeitverlauf Ihrer Behandlung und deren Notwendigkeiten angepasst, unterstützen Sie damit Ihre Rehabilitation und eine Einnahmedauer von 4-6 Wochen ist durchaus angemessen. Da einige dieser Medikamente Ihre Magenschleimhaut angreifen können, sollten Sie sich ergänzend dazu auch ein Präparat verordnen lassen, das den Magen schützt.

Das zweite, wichtige Medikament ist die **»Anti-Thrombosespritze«**, die den Patienten täglich meist in der Bauchregion unter die Haut gespritzt wird. Diese vorbeugende Maßnahme ist sehr wichtig, da die Patienten ihr Bein nach einer Kniegelenkimplantation in den ersten Tagen nach der Operation nur minimal und für die Dauer von etwa 6 Wochen noch nicht vollständig belasten und insgesamt **weniger »auf den Beinen«** sind. Auf diese Weise steigt das

Risiko, eine **Beinvenen-Thrombose** zu erleiden, um ein Vielfaches. Am höchsten ist es zwischen dem 6.-12. Tag nach der Operation. Im Zeitverlauf sinkt zwar die Wahrscheinlichkeit eine Thrombose zu erleiden allmählich wieder ab, gleichwohl sind die **Injektionen für mindestens 2-3 Wochen** nötig. Viele Experten empfehlen eine Thromboseprophylaxe für etwa 6 Wochen, die erst dann beendet wird, wenn die Patienten wieder voll im Einsatz sind.

Wie schnell sich durch mangelnde Bewegung eine Beinvenen-Thrombose entwickeln kann, ist in der Öffentlichkeit nicht durch Berichte aus Kliniken bekannt geworden, sondern aufgrund dramatischer Fälle, die sich nach stundenlangem Sitzen auf Langstreckenflügen ereignet haben. Einige Fluggesellschaften haben dies zum Anlass genommen, ihre Passagiere während des Fluges per Videoanimation zu regelmäßigem Aufstehen und zu **Gymnastikübungen mit den Füßen** anzuregen, um die so genannte »Fußpumpe« zu unterstützen und viele Reisende, die

oft mit dem Flugzeug unterwegs sind, haben inzwischen auch die Empfehlungen der Mediziner aufgegriffen und tragen auf Langstreckenflügen **Anti-Thrombose-Strümpfe**. Beides sind Maßnahmen, die aus dem Klinikalltag abgeschaut sind und auch **bei knieoperierten Patienten standardmäßig angewendet** werden. Das Tragen der sehr eng sitzenden (und auch nicht leicht anzuziehenden) Strümpfe ist zwar anfangs etwas gewöhnungsbedürftig, aber in Verbindung mit dem Anti-Thrombosemedikament und einfachen, auch im Bett auszuführenden Übungen mit den Füßen eine wirklich wichtige vorbeugende Maßnahme.

Meist werden in der ersten Zeit nach der Operation auch regelmäßig **Kühlkompressen** am Knie angewendet. Sie helfen gegen die ersten Schmerzen nach der Operation, weil die punktuelle Kälteeinwirkung die schmerzleitenden Nervenfasern beeinflusst und ähnlich wie eine Lokalanästhesie wirkt sowie Entzündungsreaktionen und Schwellungen lindert.

Anschlussheilbehandlung

5

Rehabilitation ▶ Warum es in der Klinik besser geht

Zum Glück ist es zum aktuellen Zeitpunkt noch so, dass die **Kosten** für eine **Anschlussheilbehandlung** nach der Implantation eines künstlichen Kniegelenks **von den Krankenkassen übernommen** werden. Die meist drei Wochen dauernde (stationäre) Anschlussheilbehandlung ist äußerst wichtig und ermöglicht den Patientinnen und Patienten eine optimale Vorbereitung auf ihren Alltag mit einem künstlichen Kniegelenk. In der Regel können die Patienten nach ihrem 7-11 Tage dauernden Operations-Klinikaufenthalt ebene Strecken problemlos gehen und dabei ungefähr eine Distanz von 250 Metern zurücklegen. Da mit dem Steigen von Treppen meist erst nach etwa einer Woche (nach der Operation) begonnen wird, sind dabei häufig noch Defizite vorhanden. Die Körperpflege und das An- und Auskleiden ist für die allermeisten Patienten zu diesem Zeitpunkt auch kein Problem mehr. Trotzdem ist es dem weit überwiegenden Anteil in dieser Phase ihrer Behandlung noch nicht möglich, sich zu Hause selbst zu versorgen und gegebenenfalls auch ganz allein zurecht zu kommen.

Aus den genannten Gründen ist es wichtig und notwendig, dass die Patientinnen und Patienten **in der Anschlussheilbehandlung weiter betreut** und durch ein intensives Trainingsprogramm hinsichtlich ihrer **Mobilität gefördert** werden. Dieses beginnt bereits damit, dass die Mahlzeiten in den Reha-Kliniken in der Regel nicht mehr auf das Zimmer gebracht, sondern in einem Speisesaal serviert werden und die Wegstrecke dorthin dreimal pro Tag bewältigt werden muss. Täglich gibt es spezielle, **individuell abgestimmte und fachlich betreute Trainingsprogramme** und **physiotherapeutische Behandlungseinheiten** unterschiedlichster Art, so dass die Patientinnen und Patienten die besten Chancen haben (wenn sie diese auch nutzen!), ihre **Muskulatur wieder aufzutrainieren**

und die **Beuge- und Streckfähigkeit des Kniegelenks zu reaktivieren.**

Bedauerlicherweise wird von den Patientinnen und Patienten immer öfter der Wunsch geäußert, die Anschlussheilbehandlung doch lieber ambulant absolvieren zu wollen, weil sie lieber nach Hause in ihre gewohnte Umgebung möchten, statt nach dem Operationsaufenthalt in die nächste Klinik zu wechseln. Grundsätzlich ist eine **ambulante Reha** auch **möglich**, allerdings müsste dann gewährleistet sein, dass ein **festes Programm** mit mehrmals **täglichen Übungseinheiten** für das Kniegelenk und für den ganzen Körper absolviert werden kann und ein komfortabler und sicherer **Transfer zur Physiotherapiepraxis** täglich (oder gar mehrmals täglich) sichergestellt ist. Da schon allein Letzteres oft schwer umzusetzen ist, besteht das Risiko, dass dann Termine nicht konsequent wahrgenommen werden, was letztlich zu einer Gefährdung des Therapie-Erfolges führt. **Ich rate meinen Patienten dazu, sich nicht zu überfordern und sich besser in die Obhut einer Rehaklinik zu begeben.** Dort haben sie mehr Ruhe, sind nicht von häuslichen Problemen abgelenkt und können sich voll und ganz auf die Mitarbeit an ihrer Genesung konzentrieren.

Manche Patienten erreichen das Ziel, wieder fit für die Bewältigung ihres Alltags zu sein, bereits innerhalb eines **dreiwöchigen Aufenthaltes** in der Reha-Klinik, andere benötigen mehr Zeit. So kann der Aufenthalt dort **fallweise auch vier oder fünf Wochen dauern.** Allerdings müssen solche Verlängerungen immer vom behandelnden Arzt/der Ärztin in der Rehaklinik bei der Krankenkasse beantragt werden. Einige Patienten benötigen nach dem Rehaaufenthalt noch **weiterhin Physiotherapie**, die dann **ambulant fortgesetzt** wird. Leider ist es jedoch so, dass aufgrund der Budgetierung im Gesundheitswesen und den damit einhergehenden immer knapper werdenden finanziellen Ressourcen von Hausärzten und auch Fachärzten für gesetzlich versicherte Patienten nur noch begrenzt ambulante physiotherapeutische Behandlungseinheiten verschrieben werden können. Daher ist die **Selbsthilfe** der Patientinnen und Patienten enorm **wichtig**. Sei es durch konsequentes Training in Eigenregie daheim oder durch die Bereitschaft, die Kosten für einige weitere Behandlungseinheiten eventuell auch selbst zu tragen.

Ein künstliches Gelenk wird implantiert, um Schmerz zu nehmen und Beweglichkeit zu geben. Dazu schaffen die Chirurgen mit der Operation die »mechanischen« Voraussetzungen. Durch die Physiotherapie wird die durch die Vorerkrankung und die Operation verloren gegangene Beweglichkeit des Gelenks wiederhergestellt. **Physiotherapie ist also für den Heilungsprozess von entscheidender Bedeutung.** Gerade in der frühen Phase – unmittelbar nach der Operation – muss die Funktion des Gelenks trainiert werden, da die Wundheilung bereits nach 6 Wochen abgeschlossen ist. In dieser Phase bildet sich jedoch nicht nur die Narbe an der Haut, sondern auch Narben in der Tiefe des Gelenks. Um diese dehnbar und beweglich zu halten, ist speziell in der Frühphase nach der Operation intensive Physiotherapie zwingend notwendig. Ohne die Physiotherapie und die täglichen Übungen würde das Kniegelenk schrittweise einsteifen und die Operation und der gesamte Aufwand wären nutzlos vertan.

Daher gilt: **Nutzen Sie die Chancen, die Ihnen und Ihrem »neuen« Kniegelenk mit zielgerichteter Physiotherapie gegeben werden.**

Physiotherapie ▶ Welche Methoden helfen

Im Folgenden werden die gängigsten physiotherapeutischen Methoden erklärt, die aus meiner Sicht in der Nachbehandlung nach der Implantation eines künstlichen Kniegelenks sinnvoll sind. Die hier getroffene **Auswahl** bedeutet jedoch nicht, dass es nicht auch noch andere hilfreiche Techniken gibt. Auch soll die Reihenfolge, in der die Therapieformen beschrieben werden, nicht als Rangfolge angesehen werden, denn die **Physiotherapie** nach der Implantation eines künstlichen Kniegelenks **beinhaltet immer mehrere Bausteine,** die **parallel angewendet** zum Behandlungserfolg beitragen. So wie alle anderen Therapieformen auch, wird die Physiotherapie individuell auf die jeweiligen Patienten abgestimmt und so sind auch nicht alle Übungen oder Maßnahmen für jeden Patienten gleichermaßen hilfreich und schmerzlindernd. Ihr Physiotherapeut oder Ihre Therapeutin wird Sie jedoch genau beobachten und befragen und dann sehr bald wissen, welche Behandlungen Ihnen gut tun.

Wärme

Wärme kann eine hervorragende **schmerzlindernde Wirkung** haben und wird vor allem **vor der Operation** bei der Arthrose des Kniegelenks angewandt. Sie sollte allerdings nie während eines akuten Entzündungsschubs angewendet werden, da sie dann eher verstärkend wirkt. Wie genau die Linderung der Schmerzen durch die Wärme funktioniert, ist noch nicht in allen Einzelheiten verstanden und geklärt. Allerdings weiß man, dass die Wärme einige Stoffwechselvorgänge anregt, die zu einem schnelleren Heilungsprozess beitragen können. Auch nimmt durch Wärme die Dehnbarkeit der Muskeln und Sehnen zu, so dass die Beweglichkeit des Gelenks gesteigert werden kann und dadurch ein optimales Bewegungstraining ermöglicht wird. Hier ist besonders die **feuchte Wärme** hilfreich, da sie eine bereits bestehende chronische Muskelspannung vermindern kann. Die Anwendung von Wärme erweitert die Blutgefäße im Gewebe und trägt somit zu einer verbesserten Durchblutung des Gewebes bei. Mit dem Blut werden vor allem Nährstoffe und Sauerstoff, aber auch

Abwehrzellen und Antikörper in das Gewebe transportiert, was eine verbesserte Heilung ermöglichen kann. Außerdem können auch Stoffwechselprodukte schneller abtransportiert werden. Nach neuesten Erkenntnissen scheint die Wärme auch schmerzhemmende Nervenfasern positiv zu beeinflussen.

Die Intensität des beschriebenen Effekts ist einerseits abhängig von der angewandten Temperatur und andererseits von der Dauer der Anwendung. Das Temperaturempfinden aufgrund des Wärmereizes ist wiederum davon abhängig, wie die Wärme auf den Körper aufgebracht wird. So bestehen unter anderem die Möglichkeiten, heiße Kompressen aufzulegen, eine Wärmelampe auf die betroffene Region zu richten oder die so genannte »heiße Rolle« anzuwenden, mit der die schmerzhafte Region betupft wird. Die Entscheidung darüber, welche Art der Anwendung für Sie optimal ist, obliegt Ihrem Arzt oder Physiotherapeuten.

Die Haut wird bereits ab einer Temperatur von 38° Celsius deutlich erwärmt. Wenn tiefer liegende Schichten erreicht werden sollen, dann sollten allerdings mindestens 40° Celsius angewendet werden. Da diese Temperatur von manchen Patienten schon als schmerzhaft empfunden und daher gemieden wird, wurde die **heiße Rolle** entwickelt.

Die heiße Rolle ist ein feuchtes, sehr hoch erhitztes und zusammengerolltes Frottierhandtuch, mit dessen zusammengerollter Spitze die schmerzende Region **betupft** wird (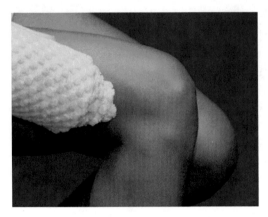 Abb. 5.1). Der Vorteil der heißen Rolle besteht darin, dass im Inneren die Hitze relativ konstant bleibt und durch allmähliches Abrollen des Handtuchs eine Wärmebehandlung mit einer kontinuierlich gleich bleibenden Temperatur möglich ist.

Diese Therapieform hat sich vor allem in der Nachbehandlung von Operationen bewährt, da das Aufbringen von Wärme auch den Lymphabtransport fördert und somit auch die Schwellung nach einer Operation positiv be-

◘ **Abb. 5.1** Heiße Rolle

einflussen kann. Außerdem kann die feuchte Wärme – wie oben beschrieben – die **Bewegungstherapie günstig beeinflussen**, da sie die Gewebe elastisch und dehnbar macht.

Kälte

Die gezielte Anwendung von **Kälte** bietet einige Vorteile in der **Nachbehandlung unmittelbar nach Operationen**, denn vor allem in den ersten zwei bis drei Tagen nach einer Operation ist Kälte besonders wirksam. Gegen den ersten Schmerz nach der Operation hilft Kälte sehr gut, weil sie die schmerzleitenden Nervenfasern beeinflusst. Man denke nur an das Eisspray, mit dem die Fußballprofis bereits auf dem Fußballfeld behandelt werden. Die Kälte wird zudem von vielen Patienten als angenehm empfunden, da das operierte Kniegelenk sich immer etwas wärmer anfühlt und so ein Temperaturausgleich erreicht werden kann. Aber auch später sollte Kälte regelmäßig angewandt werden, denn sie **hilft dabei**, die meist auftretenden **Entzündungsreaktionen und Schwellungen** nach einer Operation **zu lindern**. Es gibt gute Studien, die belegen, dass die Patienten, die nach Operationen mit Kälte behandelt wurden, bedeutend **weniger Schmerzen** haben und vor allem auch besser schlafen. Auch erhalten diese Patienten ihre **Gelenkfunktion schneller zurück**, da die Kälteanwendung auch die Bewegungstherapie günstig beeinflusst. In weiteren Studien konnte nachgewiesen werden, dass dieser positive Effekt der Kältebehandlung bis zu drei Wochen nach der Operation anhält, so dass auch die mittelfristige Behandlung mit Kälte sinnvoll erscheint, nicht zuletzt deshalb, weil auf diese Weise schmerzbedingte Bewegungseinschränkungen vermieden werden. In der Regel werden am Knie **Kühlkompressen** angewendet, die zunächst aufgrund ihrer großen Kälte wie eine Lokalanästhesie wirken. Sie sollten alle 10 Minuten für 5 Minuten entfernt werden, weil diese wechselnde Kälteanwendung zu einem starken Anstieg der Durchblutung führt, mit den oben beschriebenen Effekten.

Lymphdrainage

Nach einer Knieoperation ist der Abfluss der Lymphflüssigkeit in der Regel gestört, so dass eine **Schwellung im Bein** auftritt, weil sich die Lymphflüssigkeit in das Gewebe eingelagert hat. In der Regel normalisiert sich dieser Prozess innerhalb weniger Tage von alleine. Ist dies nicht der Fall, dann kann unterstützend die **Lymphdrainage** angewandt werden, eine besondere **Massagetechnik**, mit der in der Physiotherapie unterschiedlichste physiologische Funktionen des Körpers beeinflusst werden können.

Die Lymphdrainage wird für die **Behandlung von Schmerz- und Schwellungszuständen** eingesetzt. Schwellungen, so genannte Lymphödeme, entstehen bei der Operation durch Verletzungen von winzigen Blut- und Lymphgefäßen, die ihre Flüssigkeit dann in das Gewebe abgeben anstatt in den Kreislauf. Um den Kreislauf des Flüssigkeitstransportes wieder in Gang zu bringen wird die Lymphdrainage angewandt. Dabei wird mit pumpenden Griffen die Ödemflüssigkeit in Regionen mit intaktem Lymphabfluss geschoben, so dass die im Gewebe befindliche Flüssigkeit abfließen kann. Dabei muss der Therapeut sehr feinfühlig vorgehen, da zuviel Druck auch eine negative Auswirkung haben kann und das Ödem im schlimmsten Falle sogar vergrößern kann. Richtig ausgeführt kann diese Massagetechnik jedoch eine Stimulierung des gesamten Lymphsystems bewirken, so dass auch solche Regionen, die vom Massageareal weiter entfernt sind, angeregt werden. Der Lymphkreislauf wird insgesamt in Schwung gebracht und so kann sich die Behandlung des linken Beines dann z. B. positiv auf das rechte Bein auswirken. Das bedeutet, dass bei der Lymphdrainage durchaus auch andere Körperregionen als die betroffenen behandelt werden, um zusätzlich diese Fernwirkung für die Gesamtstimulation auszunutzen.

Zusätzlich zu der stimulierenden Wirkung auf das Lymphsystem wird durch die spezielle Massagetechnik aber auch ein positiver Effekt für die Muskulatur erzielt, die dadurch besser durchblutet wird und schneller regeneriert. Die verbesserte Durchblutung führt vor allem zu einer verbesserten Versorgung des Muskels mit dem lebenswichtigen Sauerstoff und mit Nährstoffen. Ist der Muskel nämlich mit Sauerstoff unterversorgt, dann kann es schnell zu einer Übersäuerung des Muskels kommen, die wir als schmerzhaften »Muskelkater« kennen. Auch diesen Effekt kann also die Lymphdrainage verhindern oder lindern helfen.

Frühmobilisation

Die Physiotherapie sollte bereits **am ersten Tag nach der Operation** beginnen, um eine rasche Wiederherstellung der Beweglichkeit zu gewährleisten. Zweck dieser frühfunktionellen Mobilisation ist es, Verklebungen und Narbenbildungen der Gelenkkapsel, die zu einer Bewegungseinschränkung führen können, zu verhindern. Auch sollen die **Schmerzen**, die durch die Operation verursacht sind, **verringert** und der **Aktionsradius** so schnell als möglich **vergrößert** werden.

Ein **sofortiger Beginn der Behandlung** ist wichtig und die Erfahrung hat gezeigt, dass es gewisse Vorteile gibt, wenn man bereits am Tag der Operation mit der Physiotherapie beginnt. Diese so genannte »Fast-track«-Behandlung wird bereits seit Jahren in der Bauchchirurgie angewandt und findet langsam auch Einzug in die Nachbehandlung nach orthopädischen Eingriffen. Wichtig ist eine **behutsame und zielgerichtete Nachbehandlung**, die günstiger ist als ein aggressives Vorgehen. Auf jeden Fall sollte eine Überforderung des Patienten durch zu viel Physiotherapie vermieden werden.

> **Grundregeln: Schmerz und Bewegung**
> - Physiotherapie darf nie ernsthafte Schmerzen verursachen!
> - Schmerzen (vor allem stechende) zeigen an, dass das Gelenk überlastet ist!
> - Ein leichtes Ziehen oder ein Druckgefühl ist in Ordnung!
> - Schmerz niemals stärker als »3-4«, gemessen auf der Skala 1=kein Schmerz bis 10=unerträglicher Schmerz
> - Training entlang der Schmerzgrenze, nicht über sie hinaus!
> - Aktionsbereich bis zur Schmerzgrenze jeden Tag ein wenig vergrößern!

Zunächst werden die **Übungen passiv** durchgeführt. Das heißt, dass das Kniegelenk **bewegt wird**, mit Hilfe des Physiotherapeuten oder der Therapeutin, während der Patient sich passiv verhält. In der ersten Zeit, ganz kurz nach der Operation, sind dies zunächst kleine und vorsichtige Bewegungen, mit denen erreicht werden soll, die Funktion der Muskeln, Sehnen und Nerven und das Gelenk selbst zu stärken und die Beweglichkeit zu erhöhen. Wenn der Heilungsprozess weiter gut fortschreitet, kann das Kniegelenk bis an die Schmerzgrenze belastet werden, wobei diese Grenze jeden Tag etwas

weiter verlagert werden sollte, bis irgendwann kein Schmerz mehr auftritt. Ein Prinzip, das als »Physiotherapie entlang der Schmerzgrenze« bekannt ist. Zusätzlich dazu werden Übungen durchgeführt, die sich darauf konzentrieren, die **Muskeln zu stärken und ihre Stabilität wieder herzustellen.** Im weiteren Ablauf wird dann auch das Gehen neu geübt, da sich die Bewegungsabläufe eines künstlichen Kniegelenks anders anfühlen als beim natürlichen Gelenk. Das spezielle Training von Balance, Stabilität und Zusammenspiel der einzelnen Muskelgruppen ist daher von entscheidender Bedeutung.

Motorschiene

Zur »direkt postoperativen« Physiotherapie – also der Physiotherapie, die bereits kurze Zeit nach der Operation durchgeführt werden muss – gehört **zusätzlich zur aktiven Behandlung mit manueller Therapie** durch den Physiotherapeuten auch das **tägliche Training des Kniegelenks mit einer Motorschiene** (◘ Abb. 5.2). Diese dient dazu, das operierte Gelenk passiv und geführt und mit minimaler Belastung »durchzubewegen«, um Verwachsungen und Verklebungen vorzubeugen. Ein Vorteil der Motorschiene ist deren vollautomatischer Ablauf, wodurch eine **gleichmäßige** und **kontinuierliche Therapie** von bis zu einer Stunde mehrmals täglich durchgeführt werden kann. Dazu passt der Physiotherapeut die Schiene so an, dass sie auf die Größe des Patienten eingestellt ist, dass das Kniegelenk achsgerecht bewegt wird und dass das Bewegungsausmaß die Patienten nicht überfordert. Darüber hinaus instruiert er die Patienten darin, das Gerät selbständig zu handhaben und beispielsweise die Geschwindigkeit, mit der das Gelenk durchbewegt wird, zu regulieren.

Trotz des automatischen Ablaufs der Übungseinheiten kann auf die Kompetenz des Therapeuten oder der Therapeutin nicht ver-

◘ **Abb. 5.2** Motorschiene

zichtet werden, zu deren Aufgaben es dann auch gehört, in regelmäßigen Abständen die Einstellungen des Gerätes und den korrekten Ablauf der Übungseinheiten zu kontrollieren. Da mit dem Fortschreiten des Heilverlaufes das Bewegungsausmaß kontinuierlich gesteigert werden kann, müssen die Einstellungen dann auch entsprechend angepasst werden. Ein weiterer Vorteil dieser Geräte ist, dass sie auch außerhalb eines Krankenhauses oder einer physiotherapeutischen Praxis verwendet werden können. Da sie relativ einfach transportiert werden können, ist deren Anwendung auch zu Hause möglich. In solchen Fällen kann der behandelnde Arzt die Ausleihe der Motorschiene mit Rezept verordnen, allerdings müssen die Patienten in der Regel eine Zuzahlung leisten.

Hydrotherapie

Nach Abschluss der Wundheilung, wenn die Fäden oder Klammern entfernt worden sind, kann mit der so genannten **Hydrotherapie** begonnen werden. Da es sich hierbei um Bewegungsübungen handelt, die im Wasser durchgeführt werden, wird in den Rehaeinrichtungen dafür auch meist der Begriff »Bewegungsbad« verwendet. Der große Vorteil der Hydrotherapie

ist, dass durch den Auftrieb des Körpers im Wasser wesentlich weniger Gewicht auf dem Kniegelenk lastet als auf dem Trockenen und daher viele **Übungen mit enorm reduzierter muskulärer Belastung** durchgeführt werden können. Darüber hinaus kann durch warmes Wasser (ca. 32–34° Celsius) zusätzlich eine schmerzlindernde und muskelentspannende Wirkung erzielt werden, die die Übungen erleichtert.

Nach kleineren Eingriffen, z. B. Arthroskopien des Kniegelenks mit nur kleinen Wunden, kann schon sehr früh mit der Hydrotherapie begonnen werden. Nach der Implantation eines künstlichen Kniegelenks ist die Wunde jedoch ungleich größer, ebenso wie die Gefahr einer Wundinfektion, die sich im schlimmsten Falle bis zu einer tiefen Infektion des Gelenks ausweiten kann. Daher sollte nach einer Prothesenimplantation mit der Therapie im Wasser erst **nach der Wundheilung** begonnen werden, um kein unnötiges Risiko einzugehen. Die Wunde sollte vom Nahtmaterial befreit und absolut trocken sein. Dies bedeutet, dass in aller Regel mit der **Hydrotherapie** erst **in der Rehabilitationsklinik** begonnen wird, etwa 12-14 Tage nach der Operation.

Zunächst sollte eine **kontrollierte Einzeltherapie** erfolgen, damit die Patienten lernen, wie man sich im Wasser richtig bewegt. Dabei wird auch auf Ausweichbewegungen geachtet, die auf eine Überlastung hindeuten und in jedem Fall vermieden werden sollten. Später kann dann auch in Gruppen trainiert werden. Besonders wichtig ist das vorsichtige Verhalten am und im Becken, beim Ein- und Aussteigen. Die Gefahr des Ausrutschens auf den Fliesen ist groß und ein Sturz kann den Erfolg der Operation wieder zunichtemachen. Daher immer vorsichtig und umsichtig in das Bewegungsbad gehen!

Manuelle Therapie und Krankengymnastik

Noch einmal zur Erinnerung: Physiotherapie darf nie wehtun!

Bei der Manuellen Therapie bleiben die Patienten passiv, das Gelenk wird bewegt, durch gezieltes und unterschiedlich stark dosiertes Ziehen und Schieben. Dadurch können Bewegungseinschränkungen gelöst und Schmerzen gelindert werden.

Bereits nach kurzer Zeit werden die Patienten parallel dazu auch mit Krankengymnastik behandelt. Ziel der Krankengymnastik ist es, ergänzend zum passiven Bewegungsradius auch die aktive Beweglichkeit, Kraft, Ausdauer und Koordination zu reaktivieren und zu steigern. Diese Ziele können nur erreicht werden, wenn die Patienten mit helfen und ihre Übungen täglich durchführen. In der Anfangsphase werden die einzelnen Übungsschritte vom Physiotherapeuten erklärt und die Patienten erhalten noch Hilfestellungen, bis sie nach einiger Zeit zumindest einen Teil der Übungen selbständig durchführen können. Nur durch regelmäßiges, tägliches üben kann eine einwandfreie Gelenkfunktion über Jahre gewährleistet werden. Besonders wichtig ist die regelmäßige Krankengymnastik in den ersten Wochen nach der Operation. All das, was in dieser Zeit nicht erreicht wird, muss im weiteren Zeitverlauf mühsam erkämpft werden.

Weil das tägliche selbständige Training des Kniegelenks so überaus wichtig ist, sind in Kapitel 7 »In Bewegung bleiben« einige Übungen illustriert und beschrieben, die Sie mit einfachen Hilfsmitteln zu Hause durchführen können. Ich rate Ihnen sehr dazu, sich täglich die 20 Minuten Zeit zu nehmen, die sie etwa brauchen, um in Ruhe diese Übungen zu machen. So viel Zeit sollte Ihnen das neue Kniegelenk wert sein, denn schließlich soll es jahrelang halten.

Medizinische Trainingstherapie

Die Medizinische Trainingstherapie besteht aus drei Bausteinen und kommt in der Regel erst in einer späteren Phase der Anschlussheilbehandlung zum Einsatz. Sie ist eine spezielle Weiterentwicklung des Fitnesstrainings, zugeschnitten auf Patienten in der Rehabilitationsphase. Ihr Ziel ist es, durch eine Kombination aus Koordinationstraining, Belastbarkeitstraining und Ausgleichstraining die Patienten wieder fit für den Alltag zu machen. Dazu gehört es, den Bewegungsumfang des Gelenks wiederherzustellen, die Muskulatur des Kniegelenks schrittweise wieder aufzubauen und die Kraft und Ausdauer wieder zu trainieren.

Das Trainingsprogramm muss zielgerichtet und strukturiert auf das neue Gelenk ausgerichtet sein, ohne dass die übrigen Körperregionen außer Acht gelassen werden. Wichtig ist dabei die intensive Betreuung durch den Therapeuten in Rücksprache mit dem behandelnden Arzt. Das Bausteinprinzip ist deswegen sinnvoll, weil die Patienten nur mit Kraft allein wenig anfangen können. Besonders nach der Implantation eines künstlichen Gelenks hat sich einiges im Bewegungsablauf des Gelenks »verschoben«, so dass ein gezieltes Koordinationstraining wichtig ist. Zu diesem Zweck gibt es eine Vielzahl von Geräten und Übungen, die den Patienten dazu verhelfen, wieder geschmeidige Gelenke und Muskeln sowie gute

◘ Abb. 5.3 Ergometer-Training zur Steigerung der Beweglichkeit

Reflexe und eine gute Tiefensensibilität zu erreichen ◘ Abb. 5.3.

Sobald keine wesentlichen Schmerzen mehr auftreten, können die Patienten mit dem **Belastbarkeitstraining** beginnen, mit dem eine Kräftigung des Gewebes und eine Zunahme der Belastungsfähigkeit aller Körperregionen erreicht werden soll. Damit nicht nur einseitig das operierte Bein trainiert wird, ist das **Ausgleichstraining** wichtig. Auch jeder Leistungssportler übt nicht nur seine eigentliche Sportart (z. B. Tennis) sondern trainiert auch seine Ausdauer und vielleicht auch eine weitere Sportart (z. B. Joggen, Schwimmen), damit sein Körper insgesamt fit ist und nicht nur sein Schlagarm.

Wenn nach einiger Zeit eine ausreichende Belastbarkeit und bessere Beweglichkeit des Kniegelenks erreicht wurden, kann das Trainingsprogramm allmählich gesteigert werden und das Trainingsregime ändert sich. Bei sehr aktiven Patienten, die auch sportlich aktiv bleiben möchten, ist es nun sinnvoll, das Trainingsprogramm auf ihre jeweiligen **Wunschsportarten** auszurichten und den Patienten so eine optimale Ausgangslage für ihre weiteren Aktivitäten mitzugeben. Es ist daher von entscheidender Bedeutung, dass in der Schlussphase der Rehabilitation das weiterführende Trainingsprogramm in Rücksprache mit dem Operateur und behandelnden Arzt und dem Physiotherapeuten individuell zusammengestellt wird. Ein wichtiges Ziel ist es auch, eventuell noch vorhandene Ängste der Patienten hinsichtlich ihrer möglichen »verminderten Belastbarkeit« abzubauen. Nur wenn das gelingt, kann der Alltag für die Patienten wieder beginnen.

Die nächsten Jahre

6

Sport ▶ Was empfehlenswert ist

Die Implantation einer Knieprothese dient in erster Linie dazu, Ihnen im Alltag zu Schmerzfreiheit und einer deutlich verbesserten Bewegungs- und Gehfähigkeit zu verhelfen. Dies gibt Ihnen wieder die Möglichkeit, ein aktives Leben zu führen und im Beruf, beim Hobby und beim Sport nicht mehr durch Schmerzen und Beweglichkeitsgrenzen eingeschränkt zu sein. Bei aller Begeisterung für die zurück gewonnene Lebensqualität müssen Sie jedoch immer **bedenken, dass das künstliche Gelenk zwar gut funktioniert, aber nicht in dem Maße beansprucht werden kann, wie ein natürliches und gesundes Kniegelenk.** Außerdem braucht die Muskulatur, die das Kniegelenk stabilisiert, einige Monate, bis sie nach der Operation wieder vollständig so aufgebaut ist, dass sie dem Gelenk ausreichende Stabilität bietet. Fangen Sie also langsam wieder mit Ihrem Training an und **vermeiden Sie Überlastungen.** Ein gesundes Gelenk kann auf andauernde Belastungen durch eine allmähliche Verstärkung der Knochen reagieren, das Implantat kann dies nicht. Außerdem kann eine zu starke Beanspruchung der Verbindungsflächen zwischen dem natürlichen, lebenden Gewebe und dem künstlichen Material dazu führen, dass das künstliche Gelenk sich vorzeitig lockert. Im Zweifel kann also weniger mehr sein. Dies bedeutet jedoch auf keinen Fall, dass Sie auf sportliche Betätigung »vorsichtshalber« verzichten sollten. Ganz im Gegenteil! **Eine vollständige Entlastung des Gelenks wäre im Ergebnis genauso schädlich wie eine Überlastung.**

Grundsätzlich sollte **der gesamte Organismus in Schwung bleiben.** Dies bestätigen auch viele Untersuchungen, die gezeigt haben, dass **regelmäßig und moderat betriebener Sport** positive Auswirkungen auf die Lebensdauer einer Endoprothese hat. Allerdings sollten die Risiken gegenüber den Vorteilen der sportlichen Belastung kritisch abgewogen werden. Prinzi-

piell können mit einem künstlichen Kniegelenk fast alle Sportarten ausgeübt werden. Im Folgenden finden Sie einige Empfehlungen. Wenn Sie sich hinsichtlich Ihrer Wunschsportart dennoch nicht sicher sind, sprechen Sie mit Ihrem Facharzt, der Sie sicher gut beraten kann.

 Empfehlenswerte Sportarten…

sind solche, bei denen das Gelenk nicht gestaucht und nicht wesentlich verdreht wird. Hierunter fallen **Radfahren, Wandern, Nordic Walking, Schwimmen, Golf** und **Bogenschießen.** Dabei ist immer darauf zu achten, dass man sich langsam an das Pensum früherer Tage herantastet und nicht direkt die Strecke plant, die man zuletzt vor 10 Jahren absolvieren konnte! Manche Patienten haben Sorge, dass sie mit dem Fahrrad stürzen könnten, weil sie lange nicht mehr gefahren sind. Dann bietet es sich an, einen **Heimtrainer** anzuschaffen, mit dem man täglich ca. 20 Minuten trainiert, denn das hält das Kniegelenk in Bewegung. Beim **Schwimmen** ist es empfehlenswert entweder Rückenkraul zu schwimmen oder beim Brustschwimmen den Beinschlag vom Kraulschwimmen zu verwenden, also mit den Beinen zu »paddeln«. Das reduziert die Belastung der Kniegelenke und Bandstrukturen. Eine oder zwei Schwimmeinheiten á 20–30 Minuten pro Woche sind sinnvoll. Eine ebenfalls kniefreundliche Sportart ist **Skilanglauf,** wobei dies nur dann empfehlenswert ist, wenn bereits vor der Operation sicher auf dem Ski gestanden wurde, denn Stürze sind ein Risiko für das neue Kniegelenk.

 Bedingt empfehlenswerte Sportarten…

sind **Tennis** und auch **Tischtennis.** Allerdings sollte darauf geachtet werden, dass nicht zu viel gelaufen wird, auch schnelle Richtungswechsel nicht zu häufig vorkommen, da beides besondere Belastungen für das Kniegelenk sind. Gleiches gilt für den **Tanzsport**, denn auch dabei wirken hohe Drehkräfte auf das künstliche Kniegelenk ein, die es überlasten können. **Fechten** gehört ebenso zu den nur bedingt sinnvollen Sportarten, weil dabei Stoß-/Stauchbelastungen nicht zu vermeiden sind und auch Rotations(dreh-)kräfte bei diesem Sport eine Rolle spielen.

Nicht empfehlenswerte Sportarten...

sind **Joggen, Badminton, Squash, alpin Skifahren und alle Ballsportarten**, die mit erhöhtem Körperkontakt einhergehen (Fuß-, Hand-, Basketball), denn alle diese Sportarten sind wegen der typischen und nicht vermeidbaren Stauch-, Stoß- und Drehbelastungen ein hohes Risiko für den künstlichen Gelenkersatz.

Insgesamt sollte das Kniegelenk mit Bedacht genutzt und eine Überlastung vermieden werden. Wenn es nach dem Sport schmerzt, war es ihm zu viel!

Nachuntersuchungen ▶ Wann und wie oft

Ein künstliches Kniegelenk ist ein mechanisches Gebilde, das ebenso – wie beispielsweise Ihr Auto – regelmäßig zur »Inspektion« sollte. Dies bedeutet, dass Sie **in regelmäßigen Abständen Kontrolluntersuchungen** entweder bei Ihrem Orthopäden machen lassen sollten oder bei dem Arzt oder der Ärztin, welche die Implantation durchgeführt hat. Die ersten Check-ups sollten **3 Wochen nach der Operation** sowie **sechs Wochen danach** stattfinden. Die nächsten dann **6 Monate sowie 12 Monate nach der Operation**. Im weiteren Verlauf sollte einmal im Jahr das Gelenk untersucht werden und wenn das Gelenk bereits fünf Jahre implantiert ist, reicht es aus, wenn wieder 10 Jahre nach der Operation nach dem Rechten gesehen wird.

Es ist nicht erforderlich, bei jeder dieser Untersuchungen immer ein Röntgenbild anzufertigen. Sofern das Gelenk problemlos funktioniert und keine Schmerzen verursacht, wird in der Regel 3 Wochen nach der Operation geröntgt, dann wieder nach 1 Jahr und dann erst wieder nach 10 Jahren. Sollte das Gelenk allerdings vor oder bei der Kontrolluntersuchung schmerzhaft sein und dies lässt sich allein durch die Untersuchung nicht klären, wird man auf eine erneute Röntgenuntersuchung nicht verzichten. Tendenziell sollte man **ab dem zehnten Jahr nach Implantation wieder jährliche Kontrolluntersuchungen** beim Facharzt durchführen lassen, da es ab diesem Zeitpunkt wahrscheinlicher wird, dass die Prothese allmählich beginnt, sich zu lockern. Die Anzeichen dafür wird ein spezialisierter Facharzt rechtzeitig erkennen.

In Bewegung bleiben

Übungen für das Knie ▶ Muskulatur und Stabilität verbessern

Wenn Sie die Implantation Ihres neuen Kniegelenks gut überstanden und in der Anschlussheilbehandlung die Beweglichkeit Ihres Knies zurückgewonnen haben, sollten Sie alles daran setzen, diesen Status der Stabilität und Beweglichkeit auch zu erhalten. **Ein künstliches Kniegelenk ist ein mechanisches Gerät und es bedarf konsequenter Pflege und Kontrolle.** Deswegen vergleiche ich es gerne mit einem Auto. Die meisten von uns kümmern sich um ihr Auto, waschen es regelmäßig, erneuern Bremsen und Reifen und fahren zumindest regelmäßig zum TÜV. Schließlich wollen wir ein funktionierendes und sicheres Auto. Und was hat das mit dem künstlichen Kniegelenk zu tun? Nun, auch dieses will konsequent und regelmäßig gepflegt sein, wenn es lange halten und funktionieren soll. Und was für das Auto der regelmäßige Check-up, ist für das Kniegelenk das **regelmäßige tägliche Training**. Nur **durch wohl dosiertes Training der Kniemuskulatur** können Sie ein **stabiles Muskelkorsett** für Ihr künstliches Kniegelenk **aufbauen** und je besser die Muskulatur um das Kniegelenk trainiert ist, umso geringer ist die Belastung für

die mechanischen Anteile des Gelenks. In der Anschlussheilbehandlung lernen alle Patienten auch solche Übungen, die mit einfachen Mitteln selbständig zu Hause durchgeführt werden können. Eine kleine Auswahl solcher Übungen, die in Zusammenarbeit mit Experten aus dem Bereich der Physiotherapie entwickelt wurden, finden sie auf den folgenden Seiten. Es sind speziell solche, die der Kräftigung Ihrer knieführenden Muskulatur dienen und zur Optimierung der Stabilität Ihres Kniegelenks beitragen.

Achten Sie bei all diesen Übungen darauf, dass Sie **die Bewegungen bewusst, kontrolliert und langsam ausführen und kontrolliert und regelmäßig atmen.** Machen Sie die Übungen wenn möglich vor einem großen Spiegel, denn dies fördert Ihre Aufmerksamkeit und die Koordination Ihrer Bewegungen. Ganz wichtig ist: **Diese Übungen dürfen keine Schmerzen verursachen.** Ein leichtes Ziehen in den jeweils beübten Muskelgruppen dürfen sie tolerieren, mehr aber auch nicht!

Mindestens fünf dieser Übungen sollten sie zweimal täglich durchführen. Die Abfolge und Kombination können Sie variieren. 15-20 Minuten Zeit wird es Sie insgesamt kosten, doch das sollte Ihnen Ihre zurück gewonnene Beweglichkeit ohne Schmerzen wert sein.

Übung 1 kräftigt die vordere und innere Oberschenkelmuskulatur und erlaubt dem großen Muskel, die Kniescheibe besser im Gleitlager der Prothese zu führen

— Aufrecht auf einem Stuhl sitzend ein dickes Buch (oder einen ca. 500–1000 Gramm schweren Gegenstand) zwischen die Füße klemmen.

— In dieser Position den Gegenstand anheben, indem die Kniegelenke gestreckt werden.

— Sobald sich die Beine nahezu in der Waagerechten und somit fast parallel zum Boden befinden und beide Kniegelenke gestreckt sind, die Position einige Sekunden halten.

— Anschließend die Beine wieder langsam absenken.

Vor allem hinter der Kniescheibe dürfen keine Schmerzen spürbar sein. Diese Übung kann 5–10-mal wiederholt werden!

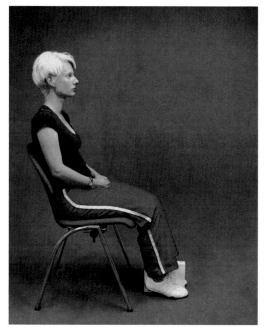
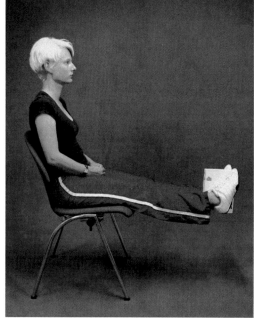

◘ Abb. 7.1

Übung 2 kräftigt vor allem die innere Oberschenkelmuskulatur und fördert die Position der Kniescheibe im Gleitlager der Prothese

— Aufrecht auf einem Stuhl sitzend ein zusammengerolltes Handtuch oder ein dickes Kissen oder ein dickes Buch zwischen die Kniegelenke klemmen.

— Anschließend die Unterschenkel und die Kniegelenke zusammen führen und fest aneinander pressen (in der Regel spürt man ein Ziehen an der Innenseite der Oberschenkel).

— In der angespannten Position ca. 5 Sekunden verharren und dann die Anspannung langsam lösen.

Diese Übung kann 5–10-mal wiederholt werden!

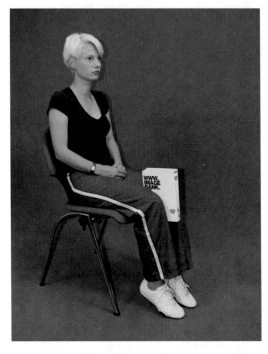

◘ **Abb. 7.2**

Übung 3 kräftigt die Wadenmuskulatur, die gleichzeitig das Kniegelenk stabilisiert

— Mit geradem Rücken auf einem Stuhl sitzend werden die Fersen in den Boden gedrückt und die Zehen und Füße langsam nach oben gezogen.

— In dieser Position ca. 5 Sekunden verharren, anschließend die Anspannung langsam lösen.

— Nun die Zehen in den Boden drücken, so als ob man aufstehen oder sich auf die Zehenspitzen stellen wollte.

— Die Anspannung ebenfalls 5 Sekunden halten und anschließend langsam wieder loslassen.

Diese Übung kann 10–15-mal wiederholt werden!

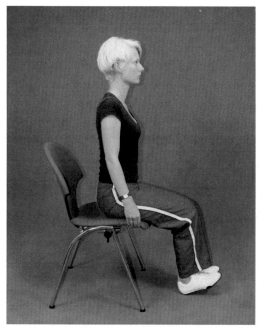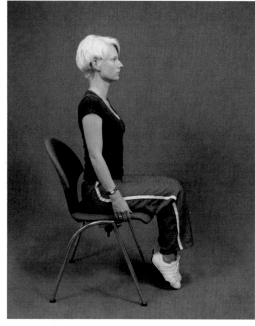

☐ **Abb. 7.3**

Übung 4 trainiert die Koordination der Beinstreckung, die vordere Oberschenkel- und Unterschenkelmuskulatur

— Das zu beübende Bein wird mit der Kniekehle auf ein flach zusammengerolltes Handtuch gelegt, der Fuß dabei nach außen gedreht.

— Nun wird die Kniekehle in Richtung Boden gegen das Handtuch gedrückt und die Ferse nach oben gezogen, so dass das Bein gestreckt wird.

— Diese Position wird 5 Sekunden gehalten und anschließend gelöst.

Im Liegen sollte man immer darauf achten, das Bein, das nicht trainiert wird, anzuwinkeln, damit der Rücken flach auf dem Boden liegen kann und kein Hohlkreuz entsteht.
Die Übung kann 10–15-mal pro Bein wiederholt werden!

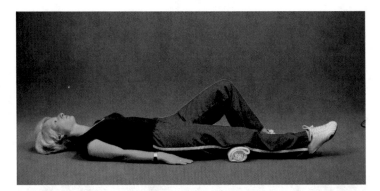

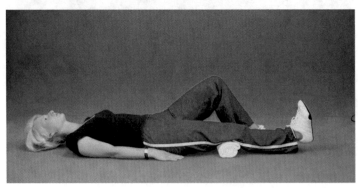

◘ Abb. 7.4

Übung 5 trainiert fast alle Muskelgruppen des Beines und die Koordination

— Auf dem Rücken liegend wird das Bein, das nicht trainiert wird, angewinkelt, damit der Rücken flach auf dem Boden liegt und kein Hohlkreuz entsteht.

— Anschließend wird das zu trainierende Bein ausgestreckt und abgespreizt und dann schräg nach oben über das angewinkelte Bein geführt. Dabei weist die Fußspitze nach außen.

Bei dieser Übung wird das Eigengewicht des Beines gehalten, was speziell am Anfang mühsam sein kann. Daher langsam steigern.
Die Übung kann 10–15-mal pro Bein wiederholt werden!

◻ Abb. 7.5

Übung 6 trainiert sowohl die vordere als auch die hintere Oberschenkelmuskulatur und die vordere Unterschenkelmuskulatur

— Auf dem Boden liegend wird das Bein, das nicht trainiert wird, angewinkelt, damit der Rücken flach auf dem Boden liegt und kein Hohlkreuz entsteht.

— Anschließend wird das zu trainierende Bein flach auf den Boden gelegt, wobei die Fußspitze nach außen weist.

— Nun wird das Bein angehoben und im Kniegelenk gestreckt und dann wieder leicht gebeugt ohne es abzulegen.

Diese Übung kann 10–15-mal pro Bein wiederholt werden.

◘ Abb. 7.6

Übung 7 trainiert die Gesäßmuskulatur, die hintere und vordere Oberschenkelmuskulatur sowie die hintere Unterschenkelmuskulatur

— Im Liegen werden beide Beine angewinkelt, wobei die Fußspitzen leicht nach außen gedreht werden.

— Nun wird der Rumpf möglichst weit nach oben geführt. Dabei werden die Fersen in den Boden gedrückt.

— In dieser »Brückenposition« ca. 5 Sekunden verharren und die Spannung langsam wieder lösen.

Sollten stechende Schmerzen an der Kniescheibe auftreten, dann ist eine Rücksprache mit dem behandelnden Arzt erforderlich.
Diese Übung kann 5–10-mal wiederholt werden.

◘ Abb. 7.7

Das künstliche Kniegelenk: Kurz und knapp

Vor der Operation...

- Ausführlich beraten lassen
- Mit der Krankenkasse sprechen
- Spezialisierte OP-Klinik auswählen
- Vorausschauend Termine vereinbaren
- Häusliche Versorgung sicherstellen
- Körper und Knie auf Operation vorbereiten
- Voruntersuchungen absolvieren
- Rehaklinik auswählen (Krankenkasse!)
- Ambulante Physiotherapie planen

In der Rehaklinik...

- Kniegelenk beobachten. Veränderungen registrieren
- Verordnete Behandlungseinheiten absolvieren
- Aktiv mitarbeiten
- Überlastungen vermeiden
- Von Schmerzreaktionen immer berichten
- Individuell unterschiedliche Genesungsdauer akzeptieren

In der Klinik...

- Fragen stellen, bis alles verstanden ist
- Empfehlungen abwägen
- Knie beobachten
- über Schmerzen und Befindlichkeiten berichten
- Schmerzen NICHT tapfer aushalten
- Schmerzmittel nehmen
- Bewegungsübungen nach Anleitung durchführen
- Der Tragfähigkeit des künstlichen Gelenks vertrauen
- Laufen und Belasten, NICHT Schonen

Die Zeit danach...

- Weiterhin selbständig TÄGLICH Bewegungsübungen
- Sich der Prothese im Körper immer bewusst sein
- Trotzdem ein bewegtes Leben leben
- Nachuntersuchungen gewissenhaft einhalten
- Gewicht halten oder weiter reduzieren
- Bewegen, bewegen, bewegen

8

Anhang

- **Übersetzung medizinischer Fachbegriffe**

A

Antiphlogistika. Entzündungs- und meist auch schmerzhemmende Medikamente

Arthritis. Gelenkentzündung. In der Regel eine Entzündung der Gelenkschleimhaut, die auf Arthrose zurückzuführen ist. Selten auch eine Entzündung, die aufgrund von Bakterien im Gelenk hervorgerufen wird.

Arthrose. Abnutzungserscheinung an Gelenken, bei der sich (meist altersbedingt) die Knorpelfläche der Knochen in den Gelenken zunächst ausdünnt und anschließend abreibt. Dies führt in der Folge zu den typischen Arthroseschmerzen im Gelenk.

Arthrosis deformans. Weit fortgeschrittenes Stadium der Arthrose, bei der die Knorpelschicht in der Regel schon vollständig aufgebraucht ist und der darunter liegende Knochen bereits Unregelmäßigkeiten und Stufenbildungen aufweist.

Arthroskopie. Betrachtung des Gelenkinnenraumes mit Hilfe einer speziellen Kamera – dem Arthroskop – an die ein Monitor angeschlossen ist. Gleichbedeutend mit Gelenkspiegelung. Das Arthroskop wird unter Narkose in das zu untersuchende Gelenk über ca. 1cm lange Hautschnitte eingeführt. Somit lassen sich alle Gelenkanteile des Kniegelenks vorsichtig untersuchen. Mittlerweile lassen sich viele Operationen am Kniegelenk über die Arthroskopie durchführen. Hierzu zählen u. a. Meniskusoperationen, Knorpelbehandlungen, Kreuzbandersatz. Zu diesem Zweck werden über weitere kleine Hautschnitte spezielle Instrumente in das Gelenk eingeführt, die ein vorsichtiges Operieren im Gelenk ermöglichen.

Atrophie. Schwund und Rückbildung eines Muskels (oder Organs). In der Regel zurückzuführen auf eine unzureichende Versorgung, auf zu seltene Benutzung oder auf mangelndes Training.

Augmentation. Unter Augmentation versteht man metallene Anbauten an eine Revisionsprothese, die Knochenverlust ausgleichen können. Diese werden an die Revisionsprothese angeschraubt.

Axiale Kompression. Bei der axialen Kompression werden der Oberschenkel und der Unterschenkel senkrecht aufeinander gepresst. Dieser Vorgang tritt z. B. beim Hüpfen auf. Diese Kompression ist eine ungünstige Belastung für das Gelenk und geht bei der Arthrose nicht selten mit Schmerzen einher.

B

Bursa. Schleimbeutel (z. B. oberhalb der Kniescheibe)

Bursitis. Schleimbeutelentzündung

D

Drainage. Nach der Operation und nachdem das Kniegelenk wieder verschlossen worden ist, wird es aus kleinen Blutgefäßen noch etwas nachbluten. Um einen großen Bluterguss im Kniegelenk zu vermeiden, werden bei der Operation ein oder zwei dünne Entlastungsschläuche in das Kniegelenk eingelegt, die mit kleinen Flaschen verbunden sind, in die das Blut und Gewebswasser abfließen kann. Diese Schläuche werden in der Regel nach zwei Tagen entfernt.

Deformität. Eine Deformität ist die Abweichung von der »Norm« einer bestimmten Form, die der Orthopäde als Normalfall ansieht. Bezogen auf das Kniegelenk handelt es sich meistens um Achs-Deformitäten, d. h. zum Beispiel, dass eine Beinachse nicht gerade (normal) ist, sondern zum X- oder O-Bein abweicht.

E

elektiv. Ein Orthopäde unterscheidet zwischen elektiven Operationen und Notfalloperationen. Ein elektiver Eingriff ist eine Operation, die man planen kann. Das Einsetzen einer Kniegelenkprothese ist ein solcher Eingriff. Im Gegensatz dazu gibt es Notfall-Eingriffe, die unverzüglich innerhalb kürzester Zeit durchgeführt werden müssen.

EKG. EKG ist die Abkürzung für Elektrokardiogramm. Bei dieser Untersuchung werden die Herzströme gemessen und in einer Kurve aufgezeichnet. Zu diesem Zweck werden spezielle Aufkleber (Elektroden) über dem Herz aufgeklebt und diese mit einem Kabel an ein EKG-Gerät angeschlossen. Die Herzströme werden anschließend gemessen und von dem Gerät aufgezeichnet. Anhand dieser Aufzeichnungen können der Orthopäde und auch der Narkosearzt ablesen, ob Herzfehler (z. B. Herzrhythmusstörungen) vorliegen.

Endoprothese. Fachbegriff für ein »Ersatzstück« – zum Beispiel ein künstliches Kniegelenk – das im Rahmen einer OP in den Körper eingesetzt wird. Umgangssprachlich häufig auch nur »Prothese« (Knieprothese) genannt.

F

Femur. Oberschenkelknochen

Femurrolle. Gelenkfläche des Oberschenkelknochens im Kniegelenk

Fibula. Wadenbein

H

Hydrotherapie. Physiotherapie im Bewegungsbad (»Wassertherapie«)

I

Iontophorese. Ein elektrotherapeutisches Verfahren (synonym: Elektrophorese, Ionentherapie), bei dem durch Anwendung von galvanischem (Gleichstrom, der immer in eine Richtung fließt und keine Frequenz hat) Strom Medikamente durch die Haut in den Körper geschleust werden.

Implantation. Implantation bedeutet Einbau/Einbringen eines künstlichen Gelenks.

Inlay. Der Anteil einer Prothese, der zwischen dem Anteil für den Ober- und Unterschenkel eingesetzt wird, und aus hoch vernetztem Polyethylen besteht.

K

Kernspintomografie. Bildgebendes Verfahren, das ohne die Verwendung von Röntgenstrahlen auskommt und somit besonders schonend ist. Es werden mit Hilfe von Magnetwellen die Moleküle und Atome der einzelnen Gewebe auf unterschiedliche Weise angeregt. Bei der Rückkehr in den Normalzustand senden diese Impulse aus, die von einem Computer in unterschiedlichen Graustufen dargestellt werden können. Auf diese Weise lassen sich vor allem die Weichteilstrukturen, wie Muskeln, Sehnen, Kapsel, Knorpel, Bänder besonders genau darstellen. Die Knochenstruktur wird ebenfalls abgebildet, jedoch nicht so gut wie auf einem normalen Röntgenbild. Vorteil dieser Technik ist, dass Längs- und Querschnittsbilder der untersuchten Körperregion angefertigt werden können. Rückschlüsse können so auf die dreidimensionalen Zusammenhänge gezogen werden.

Klinische Untersuchung. Untersuchung des Patienten durch Betrachten, Betasten, Bewegen.

Knochenzement. Als Knochenzement bezeichnet man eine Form von Klebstoff, der die Prothese fest mit dem Knochen verbindet. Er wird aus einem flüssigen und einem pulverisierten Anteil (daher Knochenzement) während der Operation angerührt und muss dann innerhalb von wenigen Minuten verarbeitet werden. Bereits nach 15 Minuten ist er vollständig ausgehärtet und fixiert die Prothese fest am Knochen.

Knochenlager. Als Knochenlager bezeichnet man den freiliegenden weichen Knochen, nachdem die Sägeschnitte ausgeführt worden sind. Er dient als Verankerungszone für die Prothese. Besonders bei Osteoporose oder beim Rheumatiker kann das sog. Knochenlager sehr weich sein, d. h. der Knochen bietet wenig Stabilität.

Kompartiment. Als Kompartiment wird der innere oder äußere Gelenkanteil des Kniegelenks bezeichnet. Er beinhaltet den Meniskus und die knorpelüberzogenen Gelenkflächen.

Konservative Therapie. Behandlung von Erkrankungen durch den Einsatz von Medikamenten, physikalischer Maßnahmen und Physiotherapie. Keine Operation.

L
Läsion. Schädigung, Verletzung (z. B. von Gelenkknorpel)

Lokalanästhetikum. Medikament zur Betäubung von Schmerzen, das in Schmerzregionen, auch in Gelenke, injiziert wird.

Lymphödem. Schwellung eines Körperteils bedingt durch eine Störung des Abtransportes von Lymphflüssigkeit (Gewebswasser). Die Lymphe wird in sehr kleinen Lymphbahnen transportiert, die bei der Operation am Kniegelenk oft teilweise zerstört werden. Daher kann die Lymphe nicht ausreichend aus dem Bein in den Körper zurücktransportiert werden. Auch mangelnde Bewegung (z. B. nach einer Operation) kann dazu führen, dass es zu einem Lymphödem kommt.

M
Manuelle Therapie. Eine Behandlung, bei der der Physiotherapeut durch gezielten Zug am

betroffenen Gelenk sowie durch schiebende Gegeneinanderbewegung der Gelenkflächen versucht, Bewegungseinschränkungen der Gelenke zu lösen, um eine Linderung der Schmerzen zu erreichen.

Mikulicz-Achse. Bezeichnung für die Tragachse des Beines. Sie verläuft (nach Definition) vom Zentrum des Hüftkopfes bis zur Mitte des Sprunggelenks, optimal verläuft sie durch die Mitte des Kniegelenks, so dass Innen- und Außenseite des Gelenks gleichmäßig belastet sind. Bei einem O-Bein verläuft sie durch die Innenseite, bei einem X-Bein durch die Außenseite des Gelenks (einseitige Belastung=Überlastung).

Minimal-invasiv. Operationsmethode, bei der nur sehr kleine Einschnitte in die Haut und das darunter liegende Gewebe erforderlich sind. Meist können dadurch die Weichteile sehr gut geschont werden, die Narben sind kleiner und die Rehabilitation ist kürzer.

Motorschiene. Trainingsgerät, in Form einer Schiene, das mit einem Elektromotor ausgestattet ist und im Bett der Patienten platziert werden kann. Das Gerät ermöglicht das passive Durchbewegen des Kniegelenks in der frühen Behandlung nach der Operation. Der Patient muss dafür keine Kraft aufwenden. Dauer und Ausmaß der Bewegung sind individuell zu programmieren und das Gelenk kann so mit verschiedenen Geschwindigkeiten gleichmäßig bewegt werden.

MRT. ▶ Kernspintomografie. Abkürzung für Magnetresonanztomografie.

Methylmetacrylat. Knochenzement, der zur Fixierung der Knieprothese am Knochen verwendet wird.

Meniskus. Faserknorpelsichel, die auf der Innen- und Außenseite die Gelenkfläche im Kniegelenk vergrößert und als Puffer zusätzliche Stabilität verleiht. Speziell bei Sportlern oft von Verletzungen betroffen.

N

Navigation. Unter Navigation in der Knieendoprothetik versteht man im Prinzip das gleiche wie bei der Navigation beim Autofahren. Im Operationssaal steht ein Computergerät, das an eine Infrarotkamera angeschlossen ist. Zu Beginn der Operation werden die knöchernen Verhältnisse und die Beinachse des jeweiligen Patienten von der Kamera erfasst. Der Computer kann anschließend die optimale Lage der Prothese berechnen und zeigt sie dem Operateur an (vgl. Routenplanung im Auto). Dieser kann diesem Vorschlag folgen, oder wenn Änderungen nach seiner Erfahrung notwendig sind, diese ausführen, das Navigationssystem wird ihn dabei unterstützen.

O

Originalprothese. Die Originalprothese ist die Prothese, die letztlich implantiert wird. Die Größe richtet sich nach der Planung vor der Operation und weiterer Größenbestimmungen während der Operation mit den sog. Probierprothesen (→).

Osteoporose. Bezeichnung für die Minderung der Knochenqualität und -stabilität durch Verlust von Knochensubstanz. Der Knochen erscheint im Röntgen durchsichtiger und hat eine verminderte Stabilität.

P

Palpation. Untersuchungsmethode, bei der durch Betasten des erkrankten Gelenks Veränderungen aufgespürt werden sollen
Patella. Kniescheibe

Posttraumatisch. Bezeichnet den Zustand nach einem Unfall (Trauma), z. B. nach einem Knochenbruch mit Verletzung des Kniegelenks.

Probierprothese. Unter Probierprothese versteht man Platzhalter aus Metall und Plastik, die während der Operation in das Gelenk eingebracht werden. Sie dienen dem Operateur dazu, die definitive Größe festzulegen. Außerdem wird damit überprüft, ob das Kniegelenk stabil ist und genug Bewegung zulässt.

Prophylaxe. Vorbeugung, Vorsorge. Die Thromboseprophylaxe dient zum Beispiel dazu, eine Thrombose zu verhindern, einer Thrombose vorzubeugen.

R

Referenzsterne. Als Referenzstern werden die Markierungen bezeichnet, die am Ober- und Unterschenkelknochen angebracht werden müssen, damit das Navigationssystem die knöchernen Verhältnisse und die Beinachse bestimmen kann.

Rekonstruktion. Wiederherstellende Operation nach Verletzung (Risse, Brüche, etc.). Der Eingriff kann arthroskopisch (Meniskus) oder offen (Knochenbruch) erfolgen.

Rehabilitation. Phase der Erholung nach einer Operation. Meist verbunden mit Physiotherapie.

S

Sägelehre. Führungshilfe für die Säge, so dass das Sägeblatt nur dort sägen kann, wo der Orthopäde es möchte und geplant hat. Dadurch kann die Genauigkeit des Sägeschnitts im Vergleich zum »Freihand«-Sägen deutlich verbessert werden.

Sonografie. Untersuchungsverfahren, bei dem mittels Ultraschallwellen insbesondere Veränderungen in den Weichteilen (Muskeln, Sehnen) dargestellt werden können. Keine Anwendung von Röntgenstrahlen, auch in der Bewegung anwendbar.

Standardisierte Operation. Die Implantation eines künstlichen Kniegelenks ist eine standardisierte Operation, weil sie in der Regel immer gleich abläuft. ähnlich den Piloten eines Flugzeugs arbeitet der Operateur eine »Checkliste« in einer bestimmten Reihenfolge ab.

Synovektomie. Operative Entfernung der Gelenkschleimhaut bei Vorliegen einer Entzündung Synovitis
Entzündung der Gelenkschleimhaut Synovialflüssigkeit

Synovitis. Entzündung der Gelenkschleimhaut

Synovialflüssigkeit. Gelenkflüssigkeit (Gelenkschmiere)

T
TENS. Abkürzung für die »Transkutane Elektrische Nervenstimulation«, die zur Behandlung von Schmerzzuständen eingesetzt wird. Bei diesem elektrotherapeutischen Verfahren wirken niederfrequente Impuls- und Gleichströme über kleine Hautkontakte direkt auf die schmerzende Region ein.

Tibia. Unterschenkelknochen

Tibiaplateau. Gelenkfläche des Unterschenkelknochens im Kniegelenk

Traumatisch. Durch eine Verletzung entstanden

U
Ultraschall. ▶ Sonografie

Umstellungs-Osteotomie. Operation am Kniegelenk, bei der in der Regel der Unterschenkelknochen durchtrennt und dann, je nach Deformität des Beines (X-Bein, O-Bein), so wieder eingerichtet wird, dass eine optimale Tragachse des Beines entsteht. Diese Operation wird durchgeführt, sofern der Gelenkknorpel auf der stärker belasteten Seite noch gut ist. Sind dort bereits Arthrose-Schäden Grad 3 oder 4 zu verzeichnen, ist diese Operation nicht mehr sehr aussichtsreich.

Z
Zugang. Als Zugang wird das Eröffnen des Kniegelenks bezeichnet, d. h. das Durchtrennen der Haut, des Unterhautgewebes und das Eröffnen der darunter befindlichen Gelenkkapsel.

V

W

X

Z

Printing: Ten Brink, Meppel, The Netherlands
Binding: Stürtz, Würzburg, Germany

Printed in the United States
by Baker & Taylor Publisher Services